V&R

Ariane Leendertz

Die pragmatische Wende

Die Max-Planck-Gesellschaft und
die Sozialwissenschaften
1975 – 1985

Vandenhoeck & Ruprecht

Bibliografische Information der Deutschen Nationalbibliothek

Die Deutsche Nationalbibliothek verzeichnet diese Publikation in der Deutschen Nationalbibliografie; detaillierte bibliografische Daten sind im Internet über http://dnb.d-nb.de abrufbar.

ISBN 978-3-525-36788-9

Druck und Bindung: ⊕ Hubert & Co, Göttingen
Gedruckt auf alterungsbeständigem Papier.

Inhalt

Einleitung

Der Ausgang der Geschichte ist bekannt. Das „Max-Planck-Institut für Gesellschaftsforschung" wurde 1984 gegründet, die Emeritierung seiner Gründungsdirektorin Renate Mayntz hatte keine negativen Auswirkungen auf seinen Fortbestand, es hat Ansehen und Respekt erworben und sich in der nationalen und internationalen sozialwissenschaftlichen Forschungslandschaft etabliert. Blickt man indes auf die Vorgeschichte des Kölner Instituts, war dies keineswegs selbstverständlich. Denn der Kölner Gründung ging 1981 die Schließung des „Max-Planck-Instituts zur Erforschung der Lebensbedingungen der wissenschaftlich-technischen Welt" in Starnberg voraus, das 1970 von Carl Friedrich von Weizsäcker gegründet worden war und das dieser bis zu seiner Emeritierung 1980 gemeinsam mit Jürgen Habermas geleitet hatte. Erst die „Schließungsgeschichte" des Starnberger Instituts macht es möglich, die Ausgangsfrage dieser Arbeit annähernd zu beantworten: nämlich warum und unter welchen Umständen die Max-Planck-Gesellschaft 1984 ein sozialwissenschaftliches Institut mit seinem spezifischen Forschungsprogramm und unter der Leitung von Renate Mayntz einrichtete. So ist die vorliegende Arbeit ein wenig mehr geworden als jene „Gründungsgeschichte", die sich das MPI für Gesellschaftsforschung anlässlich seines 25-jährigen Bestehens vorgestellt hat, als es Anfang 2008 eine Zeithistorikerin mit dem Auftrag ins Feld schickte, die Umstände seiner eigenen Existenz zu erklären.

Als das MPI für Gesellschaftsforschung 1985 seine Arbeit aufnahm, war es sein Ziel, sozialwissenschaftliche Grundlagenforschung zu betreiben und damit einen Beitrag zu einer empirisch fundierten Gesellschaftstheorie zu leisten. Sein Gegenstand sollten hochentwickelte, komplexe Gegenwartsgesellschaften sein, die durch das Spannungsverhältnis zwischen eigendynamischen Prozessen und kollektiven Steuerungsversuchen gekennzeichnet waren. Der empirische Zugang sollte auf der Mesoebene funktioneller Teilsysteme, organisatorischer Netzwerke und Institutionenkomplexe erfolgen. Methodisch sollte mit einem Mehr-Ebenen-Ansatz gearbeitet werden, und einen Schwerpunkt bildeten Strukturanalysen gesellschaftlicher Teilsysteme, etwa im Bereich des Forschungs- und Wissenschaftssystems, im Gesundheitswesen, im Recht oder in Politik und Verwaltung. Das Interesse galt Entscheidungsprozessen und ihren Determinanten wie etwa den Handlungsorientierungen der beteiligten Akteure, den Charakteristiken von verschiedenen Regelungsfeldern oder bürokratischen Verfahrensweisen sowie den Auswirkungen moderner Informations- und Kommunikationstechnik.[1]

Mit der Gründung des Kölner Instituts vollzog die Max-Planck-Gesellschaft (MPG) eine pragmatische Wende in ihrem Umgang mit den Sozialwissenschaften, die sich im hier betrachteten Zeitraum des Jahrzehnts zwischen 1975 und 1985 ihrerseits in einer Phase des Umbruchs und der Neuorientierungen befanden. Das Kölner MPI für Gesellschaftsforschung war die Antithese zum Starnberger Institut und die Antwort auf ein gescheitertes Experiment. In allen Diskussionen über die Kölner Neugründung war „Starnberg" präsent, obwohl dies nur selten explizit ausgesprochen wurde. Die unausgesprochenen Prämissen sichtbar zu machen, die der Kölner Gründung zugrunde lagen und die Optionen der Findungskommission bestimmten, ist eines der Ziele dieser Arbeit.

Die Diskussion um die Zukunft des Starnberger Instituts begann bereits 1975 und zog sich über mehrere Jahre. In der MPG hat sie eine nachhaltige, traumatische Wirkung gehabt, wie sich noch heute in der Wortwahl von damals Beteiligten zeigt, die vom „Starnberg-Schock", von der „Starnberg-Katastrophe" oder dem „Starnberg-Desaster" sprechen. Bereits die Gründung des Instituts war umstritten gewesen, es stand stets unter öffentlicher und politischer Beobachtung, zumal von Weizsäcker es sich auf die

Fahnen geschrieben hatte, dezidiert politikbezogene Forschung zu betreiben und mit Vorliebe „kontroverse" Themen aufzugreifen. Die Direktoren waren nicht nur renommierte Wissenschaftler, sondern zugleich politische Intellektuelle, der eine ein friedensbewegt-protestantischer Liberaler, der andere ein neomarxistischer Linker. Das Institut politisierte und polarisierte, es hatte ebenso leidenschaftliche Befürworter wie Gegner. Thematisch und disziplinär war es äußerst breit aufgestellt, und besonders von Weizsäcker tendierte zu einer holistischen Weltdeutung. Zum Ende hin erschien das Institut von inneren Friktionen zerrissen und produzierte immer neue öffentliche Schlagzeilen, deren Höhepunkt schließlich im April 1981 der Rücktritt von Jürgen Habermas darstellte.

„Nach Starnberg" musste der nächste Versuch, ein sozialwissenschaftliches Institut in der MPG zu etablieren, unbedingt erfolgreich sein. Entsprechend galt es all das zu vermeiden, was im Starnberger Fall verkehrt gelaufen war, den Selbstverständnissen der MPG widersprochen und ihrem Ansehen in der Öffentlichkeit geschadet hatte. Vor diesem Hintergrund begannen unmittelbar nach dem Rücktritt von Habermas die Beratungen über die zukünftige Förderung der Sozialwissenschaften. Die Entscheidungsprozesse und Diskussionen in der MPG sind eine von vier Ebenen, auf denen sich diese Arbeit bewegt. Der Vergleich der Abläufe und Debatten im Umfeld der Starnberger Gründung, seiner Schließung sowie der Kölner Gründung fördert dabei deutliche Unterschiede zu Tage, die auf einen Wandlungsprozess der MPG zwischen den späten Sechziger- und den Achtzigerjahren verweisen. Kreisten die Diskussionen um das Starnberger Institut in der Regel um die Personen der aktiven und potentiellen Direktoren, konzentrierten sich die Überlegungen um die Kölner Neugründung zuerst darauf, welche Forschungsgebiete und thematischen Schwerpunkte das neue Institut abdecken sollte und wie sich die MPG damit in der sozialwissenschaftlichen Forschungslandschaft positionieren konnte. Diese breitere forschungspolitische Perspektive der Findungskommission für die Förderung der Sozialwissenschaften galt der Geisteswissenschaftlichen Sektion sogar als zukunftsweisendes Vorbild. Darüber hinaus zeigte sich im Kölner Gründungsprozess die Bedeutung des Senatsausschusses für Forschungspolitik und Forschungsplanung, der mit der Satzung von 1972 eingeführt worden war. Mangels Vergleichsstudien zu anderen Institutsgründungen und -schließungen lassen sich diese Befunde allerdings vorerst schwer verallgemeinern.[2] Damit ist es ebenfalls nicht möglich zu sagen, inwiefern die Prozesse um Starnberg und Köln Besonderheiten oder Abweichungen aufwiesen und sich damit beispielsweise von Verfahren in den naturwissenschaftlichen Sektionen unterschieden. Ein Aspekt beträfe dabei etwa auch die Tatsache, dass sowohl im Starnberger wie im Kölner Fall auswärtige Kommissionsmitglieder, die also über die Zukunft der Institute – ihr Programm, ihre Struktur, ihre Ausrichtung – entscheiden sollten, zu potentiellen Kandidaten wurden. Diese Konstellation blieb im Kölner Fall nicht ohne Probleme.

Die zweite Ebene dieser Arbeit bildet die Geschichte der Sozialwissenschaften und insbesondere der Soziologie in der Bundesrepublik der Siebziger- und frühen Achtzigerjahre, vor deren Hintergrund die konzeptionellen Überlegungen über die Zukunft der Sozialwissenschaften in der MPG zu sehen sind.[3] Mitte der Siebzigerjahre begann eine Phase sozialwissenschaftlicher Krisendiskurse und Neuorientierungen, deren Ergebnisse sich Mitte der Achtzigerjahre unter anderem im „cultural turn" und in einer Pluralisierung von Forschungsansätzen, Fragestellungen, Methoden und Theorien niederschlugen. In den innerfachlichen Debatten ging es im Kern um eine kritische Hinterfragung der Selbstverständnisse der Soziologie und um ihre Identität als Wissenschaft. Ganz anders als noch in den Zeiten der Expansion des Faches seit den Fünfzigerjahren wurden vielfach Zweifel an den Möglichkeiten sozialwissenschaftlichen Wissens geäußert und zahlreiche Defizite der bisherigen Forschung wahrgenommen. Ebenso verhandelte die Profession über das Verhältnis von Sozialwissenschaften und Politik sowie die Rolle wissenschaftlicher Experten, deren Objektivität und Autorität in der Öffentlichkeit zunehmend in Frage gestellt waren. Die Veränderungen und Neuorientierungen in Sozialwissenschaften und Soziologie,[4] die die Achtzigerjahre prägten und auch im Programm des Kölner Instituts zum Ausdruck kamen, waren untrennbar mit neuartigen und tiefgreifenden gesellschaftlichen wie politischen Wandlungsprozessen verschränkt. Die zeitgenössische Soziologie suchte diese begrifflich zu fassen, zu analysieren und zu deuten, sah sich aber mit dem Problem konfrontiert, dass sich die gesellschaftlichen Veränderungen den bisherigen Begriffen, Kategorien, Theorien und Methoden oftmals entzogen. Deshalb war vielfach von „krisenhaften" Entwicklungen die Rede, und Ende der Siebziger-, Anfang der Achtzigerjahre fragten sich viele Soziologen, ob man es mit einer historischen Strukturkrise im Sinne eines säkularen Entwicklungsbruches zu tun hatte, die möglicherweise in einer „Katastrophe" münden konnte.

Die Wandlungen in Gesellschaft, Wirtschaft und Politik in der Zeit „nach dem Boom" bilden die dritte Ebene dieser Arbeit.[5] Von zentraler Bedeutung waren die Veränderung der wirtschaftlichen Rahmenbedingungen seit der ersten Ölpreiskrise, der Beginn zahlreicher Krisen- und Problemdiskurse, Fortschritts- und Wachstumskritik gepaart mit gedämpften Zukunftserwartungen, ein zunehmendes Umwelt- und Risikobewusstsein in Bevölkerung und Politik sowie der Aufstieg der Neuen Sozialen Bewegungen und einer außerparlamentarischen Protestkultur im Gefolge von 1968. Hier hatten auch die politisch-ideologischen Frontstellungen zwischen Neuer Linker und einem sich neu formierenden Konservatismus ihren Ursprung, deren unversöhnliche Positionen und Kämpfe um die gesellschaftliche Deutungshoheit die Konflikte um das Starnberger Max-Planck-Institut prägten. Der Aufstieg eines erneuerten politischen Konservatismus begann mit der Proklamation einer „Tendenzwende" 1974 und fand seinen vorläufigen Höhepunkt mit dem Ende der sozialliberalen Koalition und dem Regierungswechsel zu Helmut Kohl 1982/83.

Die vierte Ebene dieser Arbeit bildet gewissermaßen die Gründungsdirektorin des MPI für Gesellschaftsforschung Renate Mayntz. Sie hatte in den Siebzigerjahren dem Fachbeirat des Starnberger Instituts angehört und ist 1983 von der Findungskommission, die über die zukünftige Förderung der Sozialwissenschaften in der MPG beriet, als auswärtige Expertin angehört worden. Danach galt sie als offizielle Kandidatin für die Leitung des neuen Instituts und präsentierte ein Forschungsprogramm, das über den Zugang der Institutionenanalyse in makrotheoretischer und gesamtgesellschaftlicher Perspektive empirische Forschung und Gesellschaftstheorie sowie Mikro- und Makroebene verbinden sollte. Es gilt erstens zu zeigen, wo der Zusammenhang zwischen Renate Mayntz' Gründungsprogramm und den Neuorientierungen in der westdeutschen Sozialwissenschaft und Soziologie der frühen Achtzigerjahre lag. Zweitens heißt es, das Forschungsprogramm zu den früheren Arbeiten und Forschungsinteressen von Mayntz in Beziehung zu setzen. So manifestierte sich in ihrem Forschungsprogramm letztlich eine wissenschaftliche Neuorientierung, als Mayntz zum Ende der Siebzigerjahre immer deutlicher an die Grenzen der Implementations- und Policy-Forschung sowie an die Grenzen der Möglichkeiten sozialwissenschaftlichen Wissens stieß.

Die Arbeit stützt sich zum einen auf zeitgenössische Publikationen über die Lage der Sozialwissenschaften und der soziologischen Forschung im Jahrzehnt zwischen 1975 und 1985. Zum anderen basiert sie, dies betrifft die gesamte Ebene der MPG-internen Diskussionen und Entscheidungsprozesse, auf Beständen des Berliner Archivs der MPG. Dabei handelt es sich überwiegend um Unterlagen der Generalverwaltung und Ergebnisprotokolle der Sitzungen der diversen Kommissionen, der Geisteswissenschaftlichen Sektion, des Senats, des Verwaltungsrates und des Senatsausschusses für Forschungspolitik und Forschungsplanung. Ergebnisprotokolle sind eine gute Quelle, will man sich einen ereignisgeschichtlichen Überblick über Abläufe und Sitzungsthemen, die beteiligten Personen, die verwendeten Vorlagen und die Abstimmungsergebnisse verschaffen. Interessiert man sich allerdings für die Debatten und Entscheidungsfindung unter der ereignisgeschichtlichen Oberfläche, dann bieten Ergebnisprotokolle in der Regel wenig mehr als einen nüchternen, kondensierten, geglätteten und rationalisierten Prozess. Als Glücksfall erwiesen sich deshalb einige wenige Wortprotokolle. Von zentraler Bedeutung waren außerdem die diversen Konzeptpapiere sowie Korrespondenzen, die besonders in den Papieren von Wolfgang Edelstein, Renate Mayntz und Rudolf Vierhaus zu finden waren.

So ist es hoffentlich gelungen, zwischen und hinter den Zeilen der Protokolle zu lesen und in der Darstellung nicht allein die Ereignisgeschichte zu duplizieren, mit deren Rekonstruktion gleichwohl erst einmal eine wichtige Basis für diese Arbeit geschaffen werden musste. Sie gliedert sich in drei Kapitel. Das erste behandelt in einem weitgehend chronologischen Aufbau die wichtigsten Etappen der Schließungsgeschichte des Starnberger Instituts zwischen 1975 und 1981. Im zweiten Kapitel geht es um den breiteren Kontext der Sozialwissenschaften und ihre Reflexionen und Neuorientierungen in der Zeit „nach dem Boom". Das dritte Kapitel schließlich konzentriert sich auf die Gründungsgeschichte des Kölner Instituts zwischen 1981 und 1985.

I. Das lange Ende von Starnberg

Mit der Gründung des Starnberger „Max-Planck-Instituts zur Erforschung der Lebensbedingungen der wissenschaftlich-technischen Welt“ ließ sich die Max-Planck-Gesellschaft Ende der Sechzigerjahre auf ein nachgerade kühnes Experiment ein. In der Geisteswissenschaftlichen Sektion hatten bis dahin die fünf juristischen Institute dominiert, daneben war mit der Bibliotheca Hertziana in Rom die Kunstgeschichte vertreten, außerdem das MPI für Geschichte in Göttingen. Erst mit dem MPI für Bildungsforschung hatten seit 1963 sozialwissenschaftliche Disziplinen und damit gesellschaftspolitisch ebenso aktuelle wie kontroverse Themen Einzug in die MPG gehalten. Schon die Gründung des Starnberger Instituts war umstritten. Carl Friedrich von Weizsäckers Programm kratzte am Fortschrittsverständnis einer naturwissenschaftlich-technisch orientierten Wissenschaftsorganisation, für die Themen wie Frieden, Umwelt oder Kriegsverhütung ungewohntes Terrain markierten und mit den außerparlamentarischen Protestbewegungen und der Neuen Linken assoziiert waren. Bereits bei der Gründung stellte die Schließung im Jahr 1980, in dem von Weizsäckers Emeritierung geplant war, eine explizite Option dar. Neben von Weizsäcker stand dem Institut ab 1971 mit Jürgen Habermas ein bekennender Neomarxist und politischer Intellektueller vor, der sich an den öffentlichen Debatten der Zeit zu beteiligen pflegte. So galt das Institut seinen Befürwortern als Speerspitze kritischer Wissenschaft in der Bundesrepublik, seinen Gegnern als linke Kaderschmiede. Für beide Seiten wurde damit in Starnberg „politische“ Wissenschaft betrieben, was eine unvoreingenommene

Bewertung der wissenschaftlichen Leistungen des Instituts erschwerte.

Schon 1975 begann eine belastende, zum Ende hin immer emotionalere Diskussion über die Zukunft des Instituts. Zuerst scheiterten von Weizsäcker und Habermas mit ihrem Antrag, einen dritten Direktor für einen neuen wirtschaftswissenschaftlichen Arbeitsbereich zu berufen. Zum einen sahen die MPG-Gremien und ihre Gutachter bereits zu diesem Zeitpunkt zentrifugale Tendenzen, die das interdisziplinär und thematisch äußerst breit aufgestellte Institut auseinanderzutreiben drohten. Zum anderen wollte man noch keine Vorentscheidung über die weitere Existenz und Ausrichtung des Instituts treffen. Eine Kommission der Geisteswissenschaftlichen Sektion beschäftigte sich dann ab 1977 mit der Frage, in welcher Form das Institut nach der Emeritierung von Weizsäckers weitergeführt werden könnte. Ein personalpolitischer Coup schien 1978/79 in greifbarer Nähe: Ralf Dahrendorf signalisierte seine Bereitschaft, gemeinsam mit Jürgen Habermas das Institut zu leiten, sagte dann aber in letzter Minute ab. Eine Rolle dabei spielten inhaltliche und arbeitsrechtliche Schwierigkeiten mit Teilen des Arbeitsbereiches von Carl Friedrich von Weizsäcker. Obwohl die MPG 1979 die formelle Schließung dieses Arbeitsbereiches beschloss, scheiterte daran letztlich 1981 auch ein weiterer Versuch von Jürgen Habermas, ein neues „Max-Planck-Institut für Sozialwissenschaften“ aufzubauen. Die Diskussion über die Zukunft des Instituts, die Berufung von Dahrendorf und die Schließung des Arbeitsbereiches von von Weizsäcker wurden von einer hitzigen öffentlichen Debatte begleitet, die stark ideologisierend geführt wurde und eine traumatische Wirkung in der MPG entfaltete.

Der Name als Programm

Die Starnberger Gründung folgte dem so genannten „Harnack-Prinzip“, einer bis heute hochgehaltenen Tradition der MPG aus der Zeit der Kaiser-Wilhelm-Gesellschaft, in deren Zentrum die einzigartige Forscherpersönlichkeit steht.[1] Das Institut war auf die individuellen Interessen des Physikers und Philosophen Carl Friedrich von Weizsäcker zugeschnitten, der 1967 mit seinem Konzept die MPG als Träger ausgewählt hatte, da sie von wirtschaftlichen und politischen Interessen unabhängige Forschung ermöglichte und Freiheit bei der Wahl der Themen wie der Mitarbeiter versprach.[2] Das Programm von Weizsäckers nahm viele der Themen vorweg, die im Verlauf der Siebziger- und Achtzigerjahre in einer breiteren Öffentlichkeit diskutiert wurden, etwa die Folgen weltwirtschaftlicher Verflechtung, soziale und ökonomische Probleme der Dritten Welt oder die Logiken und Gefahren des „atomaren Gleichgewichts“ im Kalten Krieg.[3] Ausgangspunkt war die Frage nach den gesellschaftlichen Folgen wissenschaftlicher und technologischer Entwicklungen, gedacht in einem globalen Rahmen. „Die Wissenschaft hat die Lebensbedingungen der Menschheit radikal umgestaltet; noch weitergehende Umgestaltungen sind zu erwarten. Als Beispiel genügt es, hinzuweisen auf die Veränderung der Weltpolitik durch die Waffentechnik und der Wirtschaft durch zivile Technologie, auf die durch Medizin und Hygiene herbeigeführte Bevölkerungsexplosion und auf die noch nicht absehbaren Konsequenzen künftiger Anwendungen neuer biologischer Erkenntnisse. Alle diese Entwicklungen sind ambivalent; sie bringen ebenso große Chancen wie Gefahren mit sich.“[4] So leitete von Weizsäcker 1967 seinen Gründungsvorschlag ein, für den er sich insbesondere der Unterstützung der Nobelpreisträger Werner Heisenberg und Adolf Butenandt, damals Präsident der MPG, sicher sein konnte.[5]

Die Menschheit stand für von Weizsäcker vor einer doppelten Verantwortung und Pflicht: Erstens musste sie in Bereichen „Verantwortung“ übernehmen, die „bisher dem natürlichen Lauf der Dinge überlassen waren“, wie in der Friedenssicherung, der Welternährung oder der „Bevölkerungsbegrenzung“. Zweitens musste sie nicht nur die weitere wissenschaftliche und technische Entwicklung fördern, sondern auch für die „Ausbildung“ der Menschen sorgen, „die mit diesen Instrumenten umgehen können“. Darüber hinaus hieß es sicherzustellen, dass „inmitten einer technikratisch [sic] verwalteten Welt“ ein „Raum der Freiheit“ erhalten blieb. „Um diese Verantwortung tragen zu können, bedürfen wir der Information über den gegenwärtigen

Stand und die mutmaßliche Entwicklung der entscheidenden Faktoren in Gesellschaft, Technik und Wissenschaft. Diese Information bleibt jedoch unzureichend, wenn sie nicht begleitet ist von einer präzisen geistigen Durcharbeitung der Struktur der technischen Welt, der möglichen Varianten der Entwicklung und der mutmaßlichen Wirkungen möglicher Eingriffe. Es bedarf einer Analyse der Voraussetzungen der technischen Lebensform."[6] Nimmt man die beiden ergänzenden und in Teilen modifizierten Memoranden hinzu, die von Weizsäcker auf Bitten der MPG 1968 verfasste, ergeben Thematik, Tonfall und Erkenntnisinteresse eine merkwürdige Kombination aus einerseits anachronistisch wirkenden, andererseits aber zugleich in die Zukunft vorausgreifenden Perspektiven. So fällt zunächst der in allen drei Gründungstexten bekräftigte holistische Ansatz auf, der es verlangte, dass die beteiligten Wissenschaftler in einem kontinuierlichen Meinungsaustausch interdisziplinär zusammenarbeiten, sich nicht als „enge Spezialisten" verstehen und „integrierend", nicht „isoliert" und einmal mehr lediglich an Einzelfragen arbeiten sollten.[7] Denn es ging darum, über „das Ganze" nachzudenken, den „inneren Zusammenhang" ganz unterschiedlicher Fragen und Probleme zu erkennen[8] und das „Unübersichtliche" übersichtlich zu machen, indem man das „scheinbare Chaos" gedanklich durchdrang.[9] Dies verwies auf Denklogiken und -kategorien, die ungefähr seit der Zwischenkriegszeit den wissenschaftlichen Umgang mit gesellschaftlichen Problemen und Deutungen der Gegenwartskultur vielfach geprägt hatten, in den Sechzigerjahren jedoch allmählich im Verschwinden begriffen waren. Weizsäckers Denken bewegte sich in den Mustern einer Epoche, die Historiker und Soziologen als „klassische" oder „organisierte" Moderne charakterisiert haben und als deren Signaturen die Suche nach Eindeutigkeit, der Blick auf das Ganze und die Herstellung von Kohärenz beschrieben worden sind.[10]

Assoziationen an vergangene Projekte und Deutungen schienen im Namen des Instituts auf. Sein Gegenstand, die „wissenschaftlich-technische Welt", wirkt wie eine Analogiebildung zum „technisch-industriellen Zeitalter", mit dem sich besonders der Sozialhistoriker Werner Conze und der Soziologe Hans Freyer zwischen den Dreißiger- und Fünfzigerjahren auseinandergesetzt hatten.[11] Doch von Weizsäckers Bezeichnung und der Programmatik, die dahinter stand, fehlten erstens nicht nur die historische oder historisierende Sichtweise sowie die Orientierung auf den Nationalstaat, sondern auch die zivilisationskritische Grundhaltung und Distanz zur kulturellen Moderne, die sich im Begriff des „technisch-industriellen Zeitalters" gebündelt hatten. Zweitens galt das Augenmerk nicht mehr primär den Folgen der *industriellen* Produktions-, Arbeits- und Lebensweise, sondern der Rolle, die *Wissenschaft* und *Technik* in der Gegenwart und in der Zukunft, in Krieg und Frieden, für die Menschheit spielten. Verwies der Mitunterzeichner der „Göttinger Erklärung", mit der 18 Physiker 1957 vor einer atomaren Bewaffnung der Bundeswehr gewarnt hatten, auf die zerstörerischen Potentiale wissenschaftlicher und technischer Entwicklungen, so gingen Fortschrittskritik und -optimismus bei von Weizsäcker dennoch Hand in Hand. Denn Wissenschaft und Technik – sofern mit dem richtigen geistigen Rüstzeug ausgestattet und sich der Verantwortung für den Weltfrieden sowie die „seelische Gesundheit" des Menschen in der technischen Welt gewahr[12] – würden auch zur Lösung der Probleme und zur Veränderung der „Lebensbedingungen" beitragen, die sie mit geschaffen hatten.

Anders als beabsichtigt, musste das Institut allerdings – diese Bedingung stellte der MPG-Senat – auf Politikberatung und Anwendungsforschung verzichten. Zwar durfte es „praktisch relevante" Themen behandeln, musste sich aber auf „Bewusstseinsbildung" sowie eine „pädagogische Wirkung" beschränken.[13] Indes blieb es bei einem gleichsam missionarischen Auftrag, den von Weizsäcker dem Institut bei seiner Gründung in die Wiege legte und der seiner persönlichen Motivation entsprach, die sich auf die Sicherung des Weltfriedens im Zeitalter der atomaren Bedrohung richtete.[14] In vielem hatte das Programm bereits den Klang der Siebziger- und Achtzigerjahre, wenn etwa von der Bedrohung und dem Schicksal der Menschheit, von Entwicklungsländern und Hungerkatastrophen, von Wettrüsten oder ABM-Systemen die Rede war.[15] Als zentrale Themenbereiche nannte von Weizsäcker: Welternährung und Entwicklungspolitik; Strukturprobleme hochindustrieller Gesellschaften und technologische Prognostik; Auswirkungen der Biologie und Medizin; Waffensysteme und Konzepte der Strategie und Rüstungsbegrenzung; Zielvorstellungen der Weltpolitik in einer „Weltföderation“ und schließlich die zukünftige Struktur Europas.[16] Vermutlich aufgrund von Bedenken im Senat, dass das Institut einen zu großen politischen Einfluss ausüben könnte, sollten diese Themen jedoch erst einmal nicht in konkreten, projektbezogenen Einzelstudien, sondern als „zusammenhängende Problemkreise“ untersucht werden. Für die Zeit unmittelbar nach der Institutsgründung war eine mehrjährige „Anfangsphase“ geplant, die der theoretischen Grundlegung des Programms dienen und in der ein Arbeitsplan „für die zweite Phase“, die „Entwicklungsphase“, entworfen werden sollte.[17]

Der Zeit- und Zukunftshorizont war damit einigermaßen weit und wenig klar umrissen. Dass die Forschungsarbeiten auch über seine 1980 anstehende Emeritierung hinaus weitergeführt würden, war nicht nur Wunschdenken von Weizsäckers, sondern seine tiefe Überzeugung. Die Themen würden politisch und praktisch relevant und ihre wissenschaftliche Behandlung notwendig bleiben, um die ungelösten Probleme im Blick zu behalten und damit einen Beitrag zu ihrer Lösung zu leisten.[18] Die Offenheit des Programms, der holistische Ansatz, die bewusste Wahl politisch aufgeladener Themen und der öffentlichkeitswirksame, pädagogische Anspruch wiesen bereits vor der Gründung des Instituts auf einige der Herausforderungen voraus, denen es in den Jahren ab 1970 permanent begegnen musste. Bedenken innerhalb der MPG hatte von Weizsäcker Rechnung getragen, indem er auf Politikberatung und spezifische Projektarbeiten verzichtete. Der Gründungsbeschluss im Senat am 30. November 1968 fiel dann mit 17 Ja-, fünf Nein-Stimmen und einer Enthaltung.[19] Die damaligen Debatten und Kontroversen, die vor dem Hintergrund der Studentenproteste und öffentlicher Unruhe in der Bundesrepublik der späten Sechzigerjahre ausgetragen wurden, finden im kondensierten, nüchternen Ergebnisprotokoll vermutlich nur einen matten Abglanz. Einige der angesprochenen Probleme wurden dann in der Schließungsdebatte und in den Diskussionen um die Gründung des Kölner Instituts erneut relevant.

Bedenken im Senat betrafen zunächst die mehrjährige Anfangsphase und den experimentellen Charakter, wofür der institutionelle Rahmen eines Max-Planck-Instituts nicht notwendig oder angemessen erschien. Es fehle ein konkreter Arbeitsplan, und die Institutsform erschwere – anders als etwa die Organisation in einer Arbeitsgruppe – die Schließung, sollte sich kein geeigneter Nachfolger für von Weizsäcker finden. Befürchtet wurden außerdem die Verselbständigung der Arbeiten in einer „Superwissenschaft", eine „doktrinäre" Arbeitsweise und „utopisches" Denken insbesondere bei den jüngeren Mitarbeitern. Der „planungswissenschaftliche" Einschlag, den manche im Programm registrierten, könne die Industrie in ihrer Planungsfreiheit einschränken. Hier dachte man vermutlich zuerst an Restriktionen beim Einsatz technischer oder wissenschaftlicher Neuentwicklungen, wenn das Institut ihre möglichen negativen Effekte oder ethischen Fragwürdigkeiten publik machte. Die Befürworter des Antrags betonten, wie wichtig es sei, die von von Weizsäcker skizzierten Probleme wissenschaftlich zu behandeln, dies auch besonders mit Blick auf das dringende Orientierungsbedürfnis, das man in der Öffentlichkeit, im Parlament und bei der Jugend in Sachen Zukunftsfragen sah. Diese Fragen seien in einer „neutralen" Trägerorganisation allemal besser aufgehoben als in der Wirtschaft, und „unter den strengen Maßstäben" der Max-Planck-Gesellschaft könne man die „Gefahr ideologischer Verengung" vermeiden. Der Verweis auf die vergleichsweise geringen Kosten, die das Institut verursachen würde, suchte das Risiko für die MPG zu relativieren.[20]

Ruft man sich die Tradition des „Harnack-Prinzips" in Erinnerung, dann erhielt vor allem ein Argument besonderes Gewicht: In nahezu allen Wortbeiträgen wurde auf die Autorität des Wissenschaftlers von Weizsäcker abgehoben, die für alle erklärtermaßen außer Frage stand. So konnten von Weizsäckers Befürworter kaum mit Widerspruch rechnen, als Präsident Butenandt den Alternativvorschlag, eine Arbeitsgruppe einzurichten, zurückwies, da dies Herrn von Weizsäcker nicht zuzumuten sei.[21] Der lauten Überlegung, ob es dem Stil der MPG angemessen sei, dem Antrag nur mit einer Arbeitsgruppe zu entsprechen, scheint damals keine Debatte über Stilfragen und Selbstverständnisse einer Traditionsgesellschaft gefolgt zu sein.[22] In den Diskussionen der frühen Achtzigerjahre über die Gründung des Kölner Instituts fanden sich derartige Argumentationsweisen, die sich auf die wissenschaftliche Autorität von Einzelpersonen bezogen, nicht mehr. Dies war ein Indiz für den allmählichen Wandel der MPG zu einer wissenschaftlichen Großorganisation, der in den späten Sechzigerjahren begann und in dem die strategische Ausrichtung an Forschungsgebieten mehr Gewicht erhielt.[23] Zugleich spiegelten sich darin die zunehmende Kritik und Zweifel an wissenschaftlichen Experten und „Autoritäten" wider, die in den Siebzigerjahren in der Öffentlichkeit und in der Wissenschaft selbst aufkamen.[24]

Als wesentliche Schritte der MPG zur modernen Wissenschaftsorganisation sind zwei Entscheidungen des Jahres 1972 hervorzuheben: erstens die Wahl Reimar Lüsts zum Präsidenten und damit ein Generationswechsel an der Spitze der Max-Planck-Gesellschaft (Butenandt war Jahrgang 1903, Lüst 1923 geboren) und zweitens die im Juni des Jahres nach langem und zähem Ringen verabschiedete Satzungsreform.[25] Erstmals wurde hiermit die Mitbestimmung von Institutsmitarbeitern in den Sektionen des Wissenschaftlichen Rates ermöglicht.[26] Außerdem stellte die MPG ihren Instituten von nun an unabhängige, nach Möglichkeit international zusammengesetzte Fachbeiräte zur Seite, die dem Präsidenten Bericht erstatteten, die Aktivitäten der Institute kommentierten und Empfehlungen für deren weitere Arbeit aussprachen. Gerade im Fall des Starnberger Instituts sollte dessen Fachbeirat eine recht bedeutende Stellung zukommen, wie später noch zu zeigen sein wird. Die Einführung des Senatsausschusses für Forschungspolitik und Forschungsplanung schließlich sollte die mittel- und langfristige Forschungsplanung der MPG systematisieren und die grundlegenden forschungspolitischen Entscheidungen des Senats vorbereiten.[27] Bei der Kölner Neugründung sollte der Ausschuss dann ein wichtiges Kontrollelement darstellen.

Aus der Beschlussfassung des Senats 1968 zur Gründung eines „Max-Planck-Instituts zur interdisziplinären Forschung über die

Lebensbedingungen der wissenschaftlich-technischen Welt" mag man angesichts der damals geäußerten Bedenken eine Konzession an den namhaften Forscher von Weizsäcker herauslesen. Im Gegenzug erwartete man Loyalität: dass von Weizsäcker „sich der Schließung des Instituts nicht widersetzen werde, falls sich zeige, daß dessen Arbeiten nicht fortgeführt werden sollten".[28] So war die Schließung bereits bei der Gründung eine naheliegende Option und das Institut ein Institut auf Zeit, dem es letztlich nicht – zumindest nicht in der ursprünglichen Form – gelang, seine Fortdauer zu legitimieren.

Die Zukunft des Instituts

Die Diskussion über die Zukunft des Instituts begann 1975, als die Direktoren von Weizsäcker und Jürgen Habermas bei der MPG beantragten, eine Abteilung für „Internationale Ökonomie" einzurichten und mit deren Leiter einen dritten Direktor zu berufen. Habermas hatte 1971 den Brennpunkt von Studenten- und Spontibewegung in Frankfurt am Main verlassen und war von seinem Lehrstuhl für Philosophie und Soziologie nach Starnberg gewechselt.[29] Die Konzeptions- und Anfangsphase der Institutsarbeit schlossen die beiden Wissenschaftler, die bis dahin ohne feste Abteilungsstrukturen gearbeitet hatten, 1975 mit der Einrichtung von zwei Arbeitsbereichen ab. Der Arbeitsbereich I unter von Weizsäcker beschäftigte sich mit den Themenkomplexen Kriegsverhütung und Strategie, Ökonomie (Umwelt, Wachstum, Entwicklungsländer), Grundlagen der Quantentheorie sowie Wissenschaftsgeschichte und Wissenssoziologie. Habermas widmete sich im Arbeitsbereich II Krisenpotentialen spätkapitalistischer Gesellschaften, Krisenbehandlung durch den Staat, Protest- und Rückzugspotentialen von Jugendlichen und der Ontogenese von Moralbewusstsein und interaktiven Fähigkeiten.

Mit dem Antrag, eine dritte Abteilung unter der Leitung des Ökonomen Lutz Hoffmann zu gründen, befasste sich 1976 eine Kommission der Geisteswissenschaftlichen Sektion.[30] Neben den auswärtigen Gutachten[31] berief sich die Kommission bei ihrer

Entscheidung auf die Empfehlung des Fachbeirats des Instituts.[32] Der Beirat hatte sich zwar für eine Stärkung der Ökonomie, aber gegen die Berufung eines dritten Direktors ausgesprochen, da er sich davon nicht die erwünschte integrierende, sondern im Gegenteil eine zentrifugale Wirkung erwartete. Man unterstütze den Wunsch der beiden Direktoren nach einem hochqualifizierten Wirtschaftswissenschaftler nachdrücklich, um wichtige laufende und projektierte Arbeiten kompetent zu betreuen. Doch solle dieser nur als Wissenschaftliches Mitglied eintreten, dadurch habe man mehr Flexibilität in der langfristigen Gestaltung des Instituts für die Zeit nach der Emeritierung von Weizsäckers. Zudem müsse das Institut in den nächsten Jahren ein langfristiges und thematisch stärker „konzentriertes" Forschungsprogramm entwickeln.[33]

Von „zentrifugalen Wirkungen", die durch die dritte Abteilung verstärkt würden, war wohl ebenfalls in mehreren der Gutachten die Rede. So vertrat die Kommission dann auch die Ansicht, dass die ohnehin schon weit gefassten Forschungsprojekte am Institut durch die dritte Abteilung noch umfangreicher würden. Es fehle an einer verbindenden Mitte, und die Gefahr eines „Auseinanderfallens" des Instituts würde umso größer.[34] Außerdem erschien unklar, inwieweit die neuen Forschungsprojekte tatsächlich mit den anderen Projekten am Institut verzahnt werden sollten – bei mehreren Projekten sei eine Beziehung zur Ökonomie überhaupt nicht gegeben.[35] Richtig erkannte die Kommission, dass mit der dritten Abteilung und der Berufung eines weiteren Direktors auf Lebenszeit ein Präjudiz über die Zukunft des Instituts gefällt worden wäre.[36] Von Weizsäcker wollte mit der Berufung institutionelle Fakten schaffen, die den Fortbestand des Instituts garantieren sollten.[37] Im Nachhinein erschien es ihm geradezu verhängnisvoll, dass es nicht gelungen war, den Berufungsvorschlag zu einem früheren Zeitpunkt und daher mit besseren Aussichten auf Erfolg auszusprechen.[38]

Den präjudizierenden Charakter der Berufung sah die Kommission noch dadurch verstärkt, dass kaum ein Nachfolger für von Weizsäcker in Sicht sei, der dessen Forschungsgebiete in derselben Breite abdecken könne (die Physik blieb hier und später schon ausgeklammert).[39] So folgte die Kommission, danach die Geisteswissenschaftliche Sektion, dem Fachbeirat und empfahl lediglich das befristete Engagement eines Wirtschaftswissenschaftlers, der die ökonomischen Projekte am Institut beraten und betreuen konnte. Daneben spielte wohl Rücksicht gegenüber Jürgen Habermas eine Rolle, denn man ging davon aus, dass er den Antrag vor allem aus Loyalität gegenüber von Weizsäcker unterstützte, da keine der ökonomischen Arbeiten des Instituts seinen eigenen Forschungsinteressen entsprachen. Aus Loyalität habe er bislang auch keine eigenen Vorstellungen über die Zukunft des Instituts geäußert. Man tue ihm sicherlich keinen Gefallen, wenn man ihm für die fernere Zukunft den Wunsch unterstelle, er wolle die ökonomischen Arbeiten *„in der am Institut betriebenen Art“* fortführen.[40] Diese Formulierung ist deshalb zu beachten, weil sie auf die tiefen Konflikte vorauswies, die 1981 entscheidend zum Rücktritt von Habermas und dem endgültigen Ende des Instituts beitragen sollten. Man dürfe eher annehmen, hieß es in der Kommission 1976 weiter, dass Habermas eine Ergänzung des Instituts in Richtung Anthropologie, Verhaltensforschung, Psychologie, Politikwissenschaft vorziehen würde.[41] Mit der Zukunft des Arbeitsbereiches I und den Ergänzungsmöglichkeiten für den Habermas-Bereich beschäftigte sich dann von 1977 an eine neue Kommission der Geisteswissenschaftlichen Sektion.[42]

Diese „Kommission Max-Planck-Institut zur Erforschung der Lebensbedingungen der wissenschaftlich-technischen Welt“ bat zunächst die beiden Direktoren um Stellungnahmen.[43] Für von Weizsäcker stellten sich drei Fragen: Ob die Arbeiten in den bisher von ihm betreuten Bereichen weitergeführt werden sollten, wenn ja, welche, und welche personellen Möglichkeiten in dieser Hinsicht bestanden.[44] Er schlug vor, einen oder zwei Nachfolger für die Bereiche Kriegsverhütung/Strategie und Ökonomie/Weltwirtschaft zu suchen. Die Bereiche Quantentheorie („Physiker-Gruppe“) und Wissenschaftsforschung könne er nicht zur Fortführung unter einem möglichen Nachfolger empfehlen.[45] Personelle Vorschläge wollte von Weizsäcker zu diesem Zeitpunkt nicht machen – die Kommission solle die Fragen der Weiterführung „ohne Belastung durch meine Wünsche in Bezug auf die Nachfolge“ erörtern.[46] Jürgen Habermas hatte andere Vorstellungen über die künftige Zusammensetzung des Instituts, wollte aber keine konkurrierenden Pläne auf den Tisch legen und damit die Wunschlösung von Weizsäckers und seiner Mitarbeiter blockieren.[47] Gleichwohl hatten er und seine Mitarbeiter „Überlegungen für den hypothetischen Fall angestellt, daß Herrn von Weizsäckers Vorschläge die Zustimmung der Kommission entweder nicht oder nur in einer Form finden, die eine Teilung des Instituts bedeutet".[48] Für seinen Arbeitsbereich ergaben sich zwei alternative Ergänzungsmöglichkeiten: in Richtung Sozialisationsforschung oder in Richtung komparative Analyse der Entwicklung von Gesellschaftssystemen. Beide boten die Möglichkeit, Strukturen der sozialen Integration auf zwei Seiten zu untersuchen: „im Mikrobereich einfacher Sozialsysteme und in der Ontogenese einerseits, im Makrobereich gesamtgesellschaftlicher Systeme und in der sozialen Integration" andererseits. In beiden Fällen sollte ein empirisch ausgewiesener Kollege gefunden werden, der bereit und fähig wäre, „ein gewisses Übergewicht an Theorie" auszugleichen.[49]

Wie bereits die Gründungsdiskussion rund zehn Jahre zuvor drehte sich die Debatte um die Zukunft des Instituts im Sinne des Harnack-Prinzips zuerst um die Personen der Direktoren. Im Fachbeirat sollte dies nach dem Intermezzo Ralf Dahrendorfs Anlass zu grundsätzlicher Kritik an den wissenschaftspolitischen Prinzipien der MPG bieten. Die „feudale Struktur" der Max-Planck-Institute und die extreme Abhängigkeit der wissenschaftlichen Mitarbeiter, hieß es dort im Sommer 1979, würden zu einer völligen Unsicherheit der Arbeitsplätze führen und die Arbeitsvoraussetzungen erheblich einschränken.[50] Eigene Interessen und Kritik an personenzentrierten Strukturprinzipien vermischten sich in Überlegungen des Heidelberger Psychologen und auswärtigen Kommissionsmitglieds Franz Weinert. Dieser gab 1977 im Anschluss an die Stellungnahmen der beiden Direktoren zu bedenken, ob die Kommission bei ihren Überlegungen über die zukünftige Ausrichtung des Instituts nicht stärker von der wissenschaftspolitischen und forschungsstrategischen Gesamtplanung der MPG ausgehen sollte. „Führt man diesen Gesichtspunkt ein, so fällt ein gewisses Defizit der Max-Planck-Gesellschaft in den Bereichen der empirisch arbeitenden

Soziologie und Psychologie ins Auge.“ Er verwies auf die Weiterentwicklung der beiden Disziplinen im Ausland und die Situation in der Bundesrepublik, die er dadurch gekennzeichnet sah, dass die Forschungen hier bislang überwiegend an den Universitäten betrieben wurden und den entsprechenden institutionellen Einschränkungen unterlagen. Das Starnberger Institut könne man als „Kernzelle für eine Erweiterung der sozialwissenschaftlichen Forschung“ ansehen.[51] Weinert selbst schwebte ein Institut mit den vier Abteilungen „Habermas“, „Wissenschaftsforschung“, „Entwicklung gesellschaftlicher Systeme“ und „kognitive Entwicklung des Individuums“ vor.[52]

Die Kommission holte dann die Meinung auswärtiger Gutachter ein, bei deren Auswahl sie die Präferenzen der beiden Direktoren vermutlich mit berücksichtigte.[53] Die Hauptfragen an die Gutachter orientierten sich an den drei Komplexen 1. Zukunft des Arbeitsbereiches I, 2. Ergänzungsmöglichkeiten für den Arbeitsbereich II und 3. Fortführung der Wissenschaftsforschung.[54] Folgt man dem Protokoll der nächsten Sitzung, dann scheinen die neun Gutachten einschlägiger Experten der Kommission nichts Neues gebracht zu haben. In erster Linie bestätigten sie das, was sich in den Positionen von Weizsäckers und Habermas' – den Gutachtern lagen ihre Stellungnahmen vor – bereits abgezeichnet hatte. Man habe festgestellt, dass alle Gutachter sich implizit oder explizit für eine Trennung der beiden Arbeitsbereiche ausgesprochen hätten, ja diese de facto schon als vollzogen betrachtet und keine echte wissenschaftliche Zusammengehörigkeit gesehen hätten. Außerdem werde von den meisten Gutachtern der Arbeitsbereich Habermas als Schwerpunkt wahrgenommen und als künftiger Kern des Instituts betrachtet. Die Fortsetzung der Forschungen in den Bereichen Kriegsverhütung und Internationale Ökonomie hielten die Gutachter an sich für wünschenswert, aber nur für die Wissenschaftsforschung eine Verknüpfung mit dem Arbeitsbereich II für sinnvoll.[55]

Die Aussagen der Institutsmitarbeiter, die die Kommission am selben Tag anhörte, wiesen in dieselbe Richtung.[56] „Die kurze interne Aussprache der Kommission stand unter dem Eindruck des enttäuschenden Ergebnisses der Anhörung der Mitarbeiter der Projektgruppen Kriegsverhütung und Ökonomie des Arbeitsbereiches I – im Hinblick auf die gegenseitige Zusammenarbeit, die Qualität der Arbeiten und die Vorstellungen von künftigen Forschungsaufgaben." Theoretisch könne zwar ein Zusammenhang zwischen den Arbeitsbereichen gesehen werden, praktisch bestehe aber nicht das Ausmaß an Kooperation, das einen Verbund an einem Ort notwendig mache. Die interdisziplinäre Diskussion wurde aber von allen Mitarbeitern als wesentliche, wertvolle und anregende Komponente betrachtet.[57]

Die Kommission war allerdings der Ansicht, dass die Gutachter nicht genug über die „Forschungsnotwendigkeiten" im Arbeitsbereich I, insbesondere über die Verbindungen zwischen Internationaler Ökonomie und Friedens- und Konfliktforschung, sowie über personelle Möglichkeiten ausgesagt hätten.[58] „Die Kommission beschloß deshalb, Herrn Dahrendorf um ein Gutachten zu der zweiten, die Internationale Ökonomie betreffenden Frage zu bitten [...] und ihn sowie die Herren Delbrück, Kaiser und Ritter zur nächsten Sitzung einzuladen." Zum Arbeitsbereich II wollte man die ehemalige Vorsitzende des Starnberger Fachbeirats Renate Mayntz, Ordinaria für Soziologie an der Universität Köln, und Paul Baltes, Psychologe an der Pennsylvania State University, persönlich hören.[59] Zu diesem Zeitpunkt hatte sich der Eindruck verfestigt, dass erstens keine „wünschenswerte echte Einheit mit gemeinsamer oder doch wenigstens abgestimmter Forschungsplanung und -organisation" zwischen den Arbeitsbereichen bestand.[60] Zweitens herrschten Zweifel über die wissenschaftliche Qualität von Teilen des Arbeitsbereichs I. Als die Kommission die wichtigsten Publikationen besprach, erhielten die Studien der Ökonomie-Gruppe ein ausgesprochen schlechtes Prädikat.[61] „In der abschließenden kurzen Aussprache überwog die Auffassung, dass die personelle Substanz in den Bereichen Ökonomie und Strategieforschung nicht ausreiche, um einen starken Kern für die Weiterführung des Arbeitsbereiches I zu bilden."[62]

Dass es sich bei vielen der Mitarbeiter gerade dieser Projektgruppen um neomarxistisch orientierte Linke, Gewerkschafts- und SPD-Mitglieder handelte, die in der politisch aufgeladenen Atmosphäre seit Mitte der Siebzigerjahre heftige Kämpfe mit dem konservativen Lager ausfochten, wurde im Protokoll nicht erwähnt. In diesen Kämpfen ging es nicht allein um Macht und politischen Einfluss, sondern um die Deutungshoheit gegenüber der gesellschaftlichen Entwicklung. Begriffe und Schlagworte wurden gezielt geprägt oder besetzt und Themen in die Öffentlichkeit lanciert, und diese Strategie entdeckten besonders die CDU sowie die Verfechter einer neokonservativen „Tendenzwende" ab Mitte des Jahrzehnts für sich.[63] Ein eindrückliches Beispiel dafür bietet etwa die so genannte Unregierbarkeitsdebatte, in der die Grenzen des Politischen wie die Zukunft des Sozialstaats in Zeiten veränderter gesellschaftlicher und wirtschaftlicher Rahmenbedingungen verhandelt wurden.[64] Erstens wurden hier politische Ziele und Programme – das prinzipielle Festhalten am Sozial- und Wohlfahrtsstaat bei einer Anpassung und Verbesserung seiner Steuerungsinstrumente oder eine stärkere Beschränkung des Staates zugunsten von Marktmechanismen und Eigeninitiative – mit sozialwissenschaftlichen Argumentationen untermauert.[65] Zweitens geschah dies nun auch von konservativer Seite, der es ganz im Sinne der oben erwähnten Strategie Ende der Siebzigerjahre gelungen war, sich eine Reihe der bislang von linksliberaler Seite besetzten Krisendiagnosen und -diskurse zu eigen zu machen,[66] wie etwa die beiden deutschen Vordenker der „Legitimationskrise" des Staates im Spätkapitalismus Claus Offe (bis 1975 Mitarbeiter des Starnberger Instituts) und Jürgen Habermas feststellen mussten. „Die neo-konservative Krisenliteratur hat nicht nur die Reste ihres linken Pendants nahezu vollständig aus dem Bereich öffentlicher Aufmerksamkeit verdrängt, sondern auch mit Geschick gewisse Versuche und Ansätze, die aus der Tradition einer kritischen Theorie des fortgeschrittenen Kapitalismus stammen (z. B. Theoreme über die Krise des Steuerstaates, Legitimationsprobleme, Disparitäten- und Randgruppenkonflikte, ökologische Krisen), für ihre Zwecke umgedeutet und adaptiert."[67]

Drittens bezogen Sozialwissenschaftler nicht nur im Umfeld der Unregierbarkeitsdebatte und in den Diskussionen über den Sozialstaat öffentlich politisch Position, und wiederum waren – beispielsweise mit Wilhelm Hennis[68] – prominente Befürworter eines erneuerten Konservatismus vertreten, die sich ab 1970 namentlich im „Bund Freiheit der Wissenschaft" organisierten.[69]

Dass sich Wissenschaftler politisch verorteten und Sozialwissenschaftler in enger Fühlungnahme zur politischen Praxis agierten, war natürlich nichts Neues. Wie kaum ein anderer verkörperte Ralf Dahrendorf, der als Landtags- und Bundestagsabgeordneter für die FDP, Parlamentarischer Staatssekretär und EG-Kommissar sogar über einige Jahre politische Positionen besetzt hatte, die enge Verbindung von Wissenschaft und Politik.

Gastspiel Dahrendorf

Dahrendorf erschien im April 1978 zunächst als Gutachter vor der Kommission und empfahl zuerst einen neuen Namen für das Institut, der nicht wie der aktuelle bereits ein Programm enthalte und dadurch Probleme schaffe.[70] Die Weiterführung der Forschungen zu Kriegsverhütung und Strategie hielt er für problematisch, unterstrich aber die Bedeutung ökonomischer Aspekte bei der Beschäftigung mit den Internationalen Beziehungen. Jedoch könne Internationale Ökonomie allein auf der Basis einer soliden Fachökonomie betrieben und solle von der MPG nur aufgenommen werden, wenn diese dabei in der internationalen Diskussion bestehen könne. In Dahrendorfs Augen war das zweifelhaft. „Die Schwäche der Entwicklungspolitik in Starnberg bestehe darin, dass sie sich nicht auf dem hohen Niveau der ökonomischen Analyse befinde."[71] Eine nicht näher spezifizierte Möglichkeit sah er in der Einrichtung einer Abteilung „Theorie der internationalen Politik", in der man mit den Internationalen Beziehungen auch Fragen der Strategie und Rüstung behandeln könne. Eine Verbindung zum Arbeitsbereich II bestand für ihn nicht.

Mit Blick auf das breite Themenspektrum der Institutsarbeiten und der „heterogenen Interessen" der Projektgruppen hielt es auch Renate Mayntz für schwierig, ein kohärentes Forschungsprogramm für ein integriertes Institut zu entwerfen, und sprach sich für den Ausbau des Arbeitsbereiches Habermas zu einem grundlagenorientierten sozialwissenschaftlichen Forschungsinstitut aus.[72] Mayntz legte hier den Grundstein für zwei der Leitmotive, die bei der Gründung des Kölner Instituts eine

Schlüsselrolle spielen sollten. Denn sie betonte in der Anhörung 1978 neben der Grundlagenforschung besonders die Integration von Mikro- und Makrobereich, die das Neuartige an Habermas' sozialisationstheoretischen Ansatz darstelle. Als personelle Ergänzung plädierte sie für einen empirisch ausgewiesenen Sozialisationsforscher und Vertreter des Mikrobereichs und empfahl die Fortführung der Gruppe Wissenschaftsforschung im Arbeitsbereich II.[73] Dem Einwand, ob die Perspektive der neuen Forschungsprojekte nicht zu eng, da zu stark auf Jürgen Habermas ausgerichtet sei, begegnete Mayntz mit einem Verweis auf das Habermas-Exposé, das verschiedene Auslegungen der Grundfragestellungen zulasse. Sie stimmte zu, dass eine Erweiterung in Richtung Entwicklungspsychologie das Forschungsprogramm zu einseitig verstärken könne, ihr Co-Gutachter Paul Baltes sah das nicht so. Auch hielt er Mayntz' Vorschlag, einen Theoretiker der „Lehre von der sozialen Wandlung" [sic] als dritten Direktor zu gewinnen, damit der Makroaspekt hinreichend berücksichtigt blieb, nur für eine oberflächliche Lösung und blieb bei seinem Plädoyer für eine entwicklungspsychologische Erweiterung.[74] Eigentlich waren damit die Würfel gegen eine Fortsetzung des Arbeitsbereiches I gefallen, obwohl die Kommission damals noch gerne länger hätte tagen wollen (sie dachte an zwei Jahre), um die weiteren „realen Möglichkeiten" zu ergründen. Dem traten jedoch Reimar Lüst, der an fast allen Sitzungen der Kommission teilnahm, sowie Generalsekretär Dietrich Ranft entschieden entgegen und drängten, auch mit Blick auf die betroffenen Mitarbeiter, auf eine rasche Entscheidung und einen „formellen Schließungsbeschluss".[75]

Nur zwei Monate später aber hatte sich die Situation entscheidend gewendet, denn bald nach seinem Auftritt vor der Kommission hatte Lüst Ralf Dahrendorf in London aufgesucht.[76] Am 28. Juni 1978 teilte er der überraschten Kommission mit, dass Dahrendorf unter Umständen bereit wäre, einen Ruf an das Institut anzunehmen.[77] Dessen Abstimmung mit Habermas hatte zu diesem Zeitpunkt bereits begonnen.[78] Thematisch wollte sich der Direktor der renommierten *London School of Economics and Political Science* mit den Internationalen Beziehungen, gesamtgesellschaftlichen Analysen, der Theorie sozialer Prozesse und politischer Theorie beschäftigen. Die Bereiche Internationale Ökonomie und Wissenschaftsforschung sollten nicht weitergeführt werden, der Schwerpunkt sollte auf der Entwicklung von Theorien liegen, der Name des Instituts sollte in „Max-Planck-Institut für Sozialwissenschaften" geändert werden.[79]

Die wichtigsten Differenzen bestanden in der Frage nach Art und Umfang der empirischen Sozialforschung, die im Konzept Dahrendorfs eine eher marginale Rolle spielte. „Dies ist wohl der einzige Punkt eines ernsthafteren Dissenses", schrieb Habermas an Dahrendorf. „Ich glaube nicht an die Instrumentalisierbarkeit der empirischen Sozialforschung für interessante theoretische Fragestellungen, weder personell und motivational, noch methodisch und technisch. Ihnen schwebt eine mobil einsatzfähige task force vor."[80] Es gebe heute keine theoretisch fruchtbare Sozialwissenschaft, die von der empirischen Forschung arbeitsteilig getrennt werden könne.[81] Außerdem veranschlagte Dahrendorf eine nur geringe Zahl an Mitarbeiterstellen, stärkeres Gewicht sollte dafür – nach dem Vorbild des *Institute for Advanced Study* in Princeton – auf ständigen Gästen liegen.[82]

Die Kommission reagierte auf Lüsts Alleingang nicht eben enthusiastisch, zumal *Der Spiegel* schon zwei Tage vor der betreffenden Sitzung gemeldet hatte, dass Dahrendorf die Leitung in Starnberg übernehmen werde.[83] Begrüßt wurden Kontinuitäten zum Themenbereich und den Grundintentionen von Weizsäckers, ebenso versprach der Vorschlag Positives für die internationale Wirkung der MPG. Auf Skepsis stießen zuerst die schwerwiegenden organisatorischen Konsequenzen, die der Dahrendorf-Vorschlag bedeuten würde: Denn es handelte sich dann im Prinzip um eine *Umstrukturierung*, die den Ergebnissen der bisherigen Kommissionsberatungen – *Schließung* des Arbeitsbereiches I und Erweiterung des Arbeitsbereiches II – entgegenlaufe. Eine engere Zusammenarbeit innerhalb des Instituts wurde bezweifelt und vor allem der geringe Stellenwert der empirischen Forschung bemängelt. Dies widerspreche der internationalen Entwicklung, und ein „Institut für sozialwissenschaftliche Spekulation" wollte man nicht haben. „Die Universitäten würden es mit Befremden aufnehmen, wenn die Max-Planck-Gesellschaft ein sozialwissenschaftliches Institut mit zwei hervorragenden Denkern gründen würde, ohne wie in ihren naturwissenschaftlichen Instituten auch auf die Forschung im engeren Sinne entsprechendes Gewicht zu legen. Man hoffe vielmehr, dass die MPG dieser Disziplin Gelegenheit geben werde, durch ihre Forschung einen besseren Status zu gewinnen."[84]

Hier finden sich zwei weitere Schlüsselmotive, die später die Kölner Gründung prägten und die Entscheidungsprozesse zwischen 1981 und 1984 erst nachvollziehbar machen. Relevant ist erstens das verklausuliert ausgesprochene Verständnis von „Forschung im engeren Sinne", in dem zu viel Theorie in die Nähe von Spekulation rückte und „echte" Forschung eine harte, empirische Komponente haben musste. Zweitens ging es darum, das Image der Sozialwissenschaften – um das es, wie später noch zu zeigen sein wird, in den Siebzigerjahren nicht zum Besten stand – aufzubessern und ihren Platz in der MPG zu legitimieren. Dabei kam der „Empirie" ein entscheidendes Gewicht zu. Auch der Verweis auf die Universitäten zeigt, dass die Kommission sich mittlerweile stärker auf fachwissenschaftliche und forschungsstrategische Perspektiven eingelassen hatte, die das personenzentrierte Dahrendorf-Habermas-Konzept wieder in Frage stellte.

Insgesamt hielt die Kommission diesen Vorschlag für eine tiefgreifende Änderung, die nur bei einem breiten Konsens in den Entscheidungsgremien verwirklicht werden könne. Von Dahrendorf und Habermas erwartete man bis zur nächsten Sitzung im August Antworten auf eine ganze Reihe von Fragen.[85] Beide machten hier deutlich, dass ein Vierer-Kollegium für sie eine „unbedingte Voraussetzung" darstellte.[86] Habermas, weil er „aufgrund der Erfahrungen der letzten Jahre" ein auf seine Person fokussiertes Institut ablehnte, „komplementäre Forschungssubstanz" und Wissenschaftler wollte, „die sich ganz unabhängig von meinen privaten Interessen und meinem persönlichen Profil tragen können! Möchte nicht ein Institut um Habermas haben!" Ein Institut müsse unabhängig von Personen leben können.[87] Dahrendorf sah kollegiale Strukturen als wesentliche Voraussetzung für eine dichte diskursive Atmosphäre in einer „scientific community" à la Princeton, wie sie auch mit Hilfe der internationalen Gäste in Starnberg, besser allerdings in

München, entstehen sollte.[88] In ihren Ergänzungswünschen waren sie sich einig: Zwei weitere Direktoren sollten berufen werden, der Psychologe Franz Weinert - der selbst Mitglied der Kommission war - und der Politikwissenschaftler Klaus von Beyme. Damit hätte das in „MPI für Sozialwissenschaften" umbenannte Institut vier Abteilungen mit jeweils drei bis fünf Mitarbeitern umfasst.

Laut Habermas konnte man sowohl die Strategie- als auch den zwei bis drei Mitarbeiter umfassenden Kern der Wissenschaftsforschung an die neuen Arbeitsbereiche angliedern. Die Entscheidung über die Ökonomie wollte er Dahrendorf überlassen.[89] Dieser lehnte die Übernahme der Gruppe Ökonomie ebenso ab wie die der Wissenschaftsforschung.[90] Die von der Kommission erneut befragten Mitarbeiter hingegen sahen Dahrendorf als „echten Nachfolger" für von Weizsäcker[91] und zahlreiche inhaltliche Verbindungsmöglichkeiten zu den Forschungen im Arbeitsbereich I, zumal Dahrendorf noch keine konkreten Themen und Vorhaben definiert hatte. Da ihre Forschungsansätze außerdem international anerkannt und von der Kommission im übrigen nicht ausreichend begutachtet worden seien, gebe es keine überzeugende Begründung für eine Schließung des Arbeitsbereiches I.[92] Nicht nur hier zeigte sich das Selbstbewusstsein der Mitarbeiter, denen von Weizsäcker überwiegend freie Hand gelassen und weitreichende Mitbestimmungsrechte eingeräumt hatte.[93] „Wir haben Dahrendorf versichert", so ein Mitarbeiter der Ökonomiegruppe, „dass wir bereit seien, persönliche Konsequenzen zu ziehen. Sie müssten uns glauben, dass wir in der Lage sind, selbst zu entscheiden, ob *wir mit ihm* zusammenarbeiten können oder nicht. Wären in konkreten Auseinandersetzungen dazu bereit."[94] MPG-Präsident Lüst brachte mehrfach sein Verständnis für die Mitarbeiter zum Ausdruck, die ihm und der Kommission mittlerweile vorwarfen, ihre Arbeit schlicht vom Tisch zu wischen und aus sachlich nicht zu erklärenden Gründen Tabula rasa machen zu wollen.[95] Die „schwierigen menschlichen Probleme",[96] die den Diskussionen eine mehr und mehr emotionale Note gaben, standen dem Interesse der MPG entgegen, einen renommierten Wissenschaftler zu gewinnen und ihm bei der Berufung auch personelle Spielräume für einen „Neuanfang" zu bieten.[97] Genau dieses Strukturproblem trug dann wesentlich erst zur Absage Dahrendorfs und schließlich zum Rücktritt von Jürgen Habermas bei.

Am Entschluss der Kommission, die Forschungen des Arbeitsbereiches I nicht fortzuführen, war indes nicht mehr zu rütteln. Gleichwohl wies das Dahrendorf-Habermas-Modell einige Schwachpunkte auf – von Dahrendorf fehlte ein konkretes Forschungsprogramm, es gab nicht genügend Kapazitäten für empirische Forschung – und entsprach nicht dem bisherigen Kommissionsentwurf. „Keiner der Gutachter in der Kommission, noch eines der Kommissionsmitglieder wäre auf die Idee gekommen, Herrn Dahrendorf als Kandidaten vorzuschlagen. Das ist ein neues Element. Frage, ob es ein Glücksfall ist oder nicht? Wenn ja, dann soll das auch begründet werden! Hohe Reputation, internationale Beziehungen, große Darstellungsgabe. Sie erhalten ein ganz anderes Institut. Kein Habermas-Institut ergänzt um Anschlußzweige."[98] Nun ging es darum, eine Kommissionsempfehlung so zu formulieren, dass sie erst in der Geisteswissenschaftlichen Sektion und später im Senat überzeugen konnte. Prekär, dass man den Fachbeirat nicht einbezogen und weder Gutachten zum neuen Konzept, noch zur Person eingeholt hatte. Den aktuellen Fachbeiratsvorsitzenden Friedrich Kambartel wollte der Kommissionsvorsitzende Hans-Heinrich Jescheck telefonisch informieren, ebenso wie Niklas Luhmann, der als einziger Soziologe in der Kommission in dieser wichtigen Augustsitzung ebenso gefehlt hatte wie Hellmut Becker; Lüst wollte zudem Renate Mayntz anrufen und damit das noch fehlende genuin sozialwissenschaftliche Placet einholen.[99]

In der Geisteswissenschaftlichen Sektion akzeptierte von Weizsäcker den Beschluss der Kommission, bedauerte aber die Einstellung der Arbeiten zur Kriegsverhütung und Ökonomie, um deretwillen das Institut einst gegründet worden sei. Dieser Schritt wäre seiner Ansicht nach nicht nötig gewesen, und er erinnerte noch einmal an die gescheiterte Berufung eines Ökonomen als drittem Direktor.[100] Habermas sagte, er habe die mögliche Mitarbeit von Ralf Dahrendorf sofort als Chance begriffen. Gegenüber den vorgeschlagenen Maßnahmen der Kommission – keine Fortführung der Arbeiten des Arbeitsbereiches I

– äußerte er sich skeptisch. Man müsse sich die Folgen eines Beschlusses vergegenwärtigen, der das Schicksal der Mitarbeiter ausnahmslos mit der Person des ausscheidenden Direktors verbinde und den Eindruck erwecke, als sei nach einem Prinzip verfahren worden, das dieser persönlich weder für gut noch für sinnvoll halte.[101] Der Mitarbeitervertreter Wolfgang van den Daele beantragte eine internationale Begutachtung der Kommissionsempfehlungen und die Evaluierung der Forschungsprojekte am Institut, was die Sektion ablehnte.[102]

Bedenken und Kritik in der Geisteswissenschaftlichen Sektion kreisten um folgende Punkte: Die Kooperationsmöglichkeiten von Habermas und Dahrendorf erschienen angesichts ihrer „heterogenen" Forschungsinteressen noch nicht klar; das Forschungsvorhaben sei zu vage, die Organisationsstruktur nicht deutlich; man fürchtete wie zuvor „zwei disparate Arbeitsbereiche" unter einem Dach.[103] Außerdem: Es gebe keine „zwingende Begründung", die Weltökonomie nicht einzubeziehen, der einzige Sozialwissenschaftler in der Kommission (Luhmann) habe kein Votum abgegeben, und zum Vorschlag von Dahrendorf sei kein Fachgutachten eines kompetenten Sozialwissenschaftlers erbeten worden – doch auch im Bereich der sozialwissenschaftlichen Forschung habe das „Prinzip der alten Ordinarienuniversität" keine Berechtigung mehr.[104] Die schriftliche Abstimmung über den Abschluss der Forschungen des Arbeitsbereiches I (bei Fortführung der Arbeitsgruppe Wissenschaftsforschung) fiel mit elf Ja-, acht Nein-Stimmen und fünf Enthaltungen denkbar knapp aus. Mit deutlicherer Mehrheit votierte die Sektion für eine Fortsetzung unter dem Namen „Institut für Sozialwissenschaften" (mit den vier Abteilungen 1. Mikro- und Makrosoziologie: Theorie der individuellen und Gesellschaftsentwicklung, 2. Politische Soziologie: Theorie der modernen Gesellschaft, Internationale Beziehungen, 3. Politologie: Vergleich politischer Institutionen, und 4. Psychologie: Kognitivistische Entwicklungspsychologie) sowie für die Berufung von Ralf Dahrendorf.[105]

Die Vorrede Reimar Lüsts im Senat, der im März 1979 eine Entscheidung treffen musste, ließ eine lebhafte Debatte erwarten. „Inzwischen habe man die Zukunft des Instituts in Presse und

Öffentlichkeit mit zunehmender Intensität diskutiert. Verständlich sei, daß die Mitarbeiter – wie bei anderen Schließungen – um ihren Arbeitsplatz kämpften. Selten seien jedoch so viele Unwahrheiten oder Halbwahrheiten wie in dieser Diskussion verbreitet worden."[106] Als der schillernde Name Dahrendorf im Spiel war, war die Presse nicht weit, und in der Presse wurden die politischen Kämpfe und ideologischen Frontstellungen greifbar, die die Diskussion um die Zukunft des Starnberger Instituts begleiteten.

Recht neutral war noch die *Süddeutsche Zeitung* gewesen, die weitestgehend die Kommissionsempfehlung vom August 1978 referiert hatte.[107] Auch *Der Spiegel* war zurückhaltend und rekapitulierte das „faustische Projekt" von Starnberg, das bereits bei seiner Gründung von Widerständen in der MPG begleitet worden sei, insbesondere seitens der Chemie-Lobby und der Naturwissenschaftler. Die Berufung von Habermas, so die *Spiegel*-Persiflage der Gegnerperspektive, habe deutlich gemacht, dass Weizsäcker der „spekulativen Anstrengung" den Vorzug vor einer „empirischen Bestandsaufnahme" gegeben habe. „Denn mit der Arbeit an einer aus Quantenmechanik und neomarxistischer Ideologie gemixter Weltformel mußten die Starnberger Wissenschaftler ausreichend beschäftigt sein." Erleichtert habe die Kommission die alte Regel aus der Zeit der Kaiser-Wilhelm-Gesellschaft aufgegriffen, dass man mit dem Abgang eines prominenten Forschers auch sein Institut „formell" auflösen könne. „Auf den Trümmern des alten Instituts" wollten Habermas und Dahrendorf ein neues errichten, mit zwei weiteren Direktoren, „genannt werden die Politologen Thomas Ellwein, Konstanz, und Klaus von Beyme, Heidelberg".[108]

Während *Der Spiegel* mit diesen – wohl von interessierter Seite mit bestimmten Absichten lancierten – Namen leben konnte, genügte anderen bereits der Name Dahrendorf, um „Alpträume" auszulösen. „Das wäre noch schöner, daß Starnberg weiter in eine ganz bestimmte Richtung politisiert würde!", hieß es in den *Hochschulpolitischen Mitteilungen.*[109] Diese stellten außerdem die ungemein wichtige Frage, ob denn über die Rolle der Sozialwissenschaften im Gesamtgebäude der Wissenschaften überhaupt „auch nur in etwa Einigkeit" bestehe? „Keineswegs. Und die neue ‚Starnberger Lösung' präjudiziert die Antwort fatal."[110] Die Frage wies weit über den Horizont der MPG hinaus, in deren Gremien die grundsätzliche, forschungspolitische Perspektive, welche Art von „Sozialwissenschaften" man in der Gesellschaft fördern wollte, hinter der prominenten Personalie zurücktrat. Darüber hinaus befanden sich die Sozialwissenschaften, insbesondere die Soziologie, in jenen Jahren in einer Umbruchphase, in der die eigenen Selbstverständnisse vielfach thematisiert und in Frage gestellt wurden.[111] Die Neuorientierungen und Konsequenzen, die damit verbunden waren, kamen dann ab 1981 nach dem Rücktritt von Jürgen Habermas in der Diskussion über die Zukunft der Sozialwissenschaften in der MPG deutlich zum Ausdruck.

Mit politischer Polemik wucherte schließlich der Münchner *Bayern-Kurier*, der befriedigt die „Auflösung" des Weizsäcker-Instituts verkündete. War Weizsäcker dem Autor auch als protestantischer, friedensbewegter Physiker-Philosoph suspekt, so machte er ihn für die Starnberger Entwicklungen nur am Rande verantwortlich. „1972 holte er den einflußreichen Neomarxisten und Oberinspirator der Neuen Linken, Jürgen Habermas, nach Starnberg [...]. Habermas baute seinen [Arbeitsbereich] sogleich zu einer Hochburg und Pflanzstätte des historischen Materialismus aus, deren Antikapitalismus auf den Arbeitsbereich des Kollegen von Weizsäcker hinüberwirkte". Das thematische „Allerlei" des Instituts sei letztlich „nur durch ein dickes, vereinfachendes ideologisches Band" zusammengehalten worden. Die Zukunft versprach wenig Neues. „Habermas behält seine marxistische Feste", von Weizsäckers Bereich werde „für einen liberalen Heimkehrer aus London" zurechtgemacht, das „koalitionspolitische Pendant" zu Habermas. Es drohte somit eine Fortsetzung der sozialliberalen Koalition innerhalb der MPG. „Die übrigen Arbeitsbereiche für Politologie und Entwicklungspsychologie sind demgegenüber nur noch Rankenwerk; der Habermas-Kader wird dafür schon noch etliche Ableger liefern."[112]

Der Entscheidungsprozess der Max-Planck-Gesellschaft stand unter öffentlicher Beobachtung. Eine Geschichte, in der, je nach Perspektive, unschuldige „kritische" Wissenschaftler abgefertigt werden sollten oder eine neomarxistische Kaderschmiede ausgebaut zu werden drohte, besaß hinreichendes Skandalpotential. Die MPG-Gremien konnten nicht mehr im stillen Kämmerlein arbeiten und mit vollendeten Tatsachen an die Öffentlichkeit treten. Im Vorfeld des Senatsbeschlusses beriet darüber der Verwaltungsrat und griff dabei deutlich diverse Punkte auf, die in der Presse eine Rolle spielten.[113] Zur Frage der politischen Orientierung des Instituts werde man, das war in etwa der Tenor, stets Widerspruch ernten, da es keine soziologische Theorie gebe, die weltanschaulich völlig neutral sei. „Wen immer Sie nennen, Sie bekommen Prügel, einem treten Sie immer auf den Fuß. Wenn wir die Herren Dahrendorf und Habermas nehmen, gibt es Bereiche, die uns das übelnehmen. Wenn wir stattdessen Luhmann oder Lübbe oder Schelsky nehmen, dann würden wir aus dem anderen Lager Prügel beziehen."[114] Dass in der Presse nur Namen von als „links" und „Frankfurter Schule" geltenden Wissenschaftlern kolportiert wurden, erschwerte auch ein eindeutiges Votum im Senat. Man wollte deshalb zum jetzigen Zeitpunkt von weiteren Berufungen absehen und die Verhandlungen mit Dahrendorf abwarten, um möglicherweise zu einer „ausgewogenen Besetzung" zu kommen.[115] Mit Blick auf das kritisierte Empirie-Defizit und die Frage, welche Sozialwissenschaften mit welchem Anspruch man fördern wollte, schlugen mehrere Mitglieder des Verwaltungsrats vor, dass man deutlich machen sollte, es handle sich primär um „theoretische" Sozialwissenschaften.[116]

Wohl mit eine Konsequenz aus den Presseberichten war eine weniger missverständliche Gangart gegenüber dem Arbeitsbereich I. Bislang war stets die Rede davon gewesen, dass dessen Arbeiten „nicht fortgesetzt" beziehungsweise „nicht weitergeführt" würden. Doch die Vokabel „Fortführung" – das Institut sollte als „Institut für Sozialwissenschaften" „fortgeführt" werden, hatte es im Beschluss der Geisteswissenschaftlichen Sektion geheißen – bedeute den „Verzicht auf das Freimachen von Stellen und das Trennen von den dort tätigen Mitarbeitern".[117] Bisher hatte die MPG-Spitze offenbar aus politischen Gründen nicht von einer „Schließung" sprechen wollen – obwohl Präsident Lüst schon früh einen formellen Schließungsbeschluss für notwendig gehalten hatte –, jetzt jedoch befand man sich mitten in einer politischen Auseinandersetzung. Noch ein weiterer Aspekt konnte eine förmliche Schließung erleichtern: Wenn neben Dahrendorf erst einmal keine zusätzlichen Berufungen anstanden, könne auch nicht mehr „vom Arbeitsrechtlichen her versucht [werden], das oder jenes könnte in das neue Konzept hineinpassen. Das ist das Bestreben der Mitarbeiter, die den Schließungsbeschluß hintertreiben wollen".[118] Der Senat musste mit klarer Mehrheit für eine Schließung votieren, „weil sonst im Institut Strömungen entstehen durchzuhalten, und Bestrebungen, noch ein paar linke Leute hineinzubekommen".[119] Die MPG brauchte einen Schlussstrich.

Dieser wurde dadurch erleichtert, dass die Universität Bielefeld sich mittlerweile bereit erklärt hatte, die Gruppe Wissenschaftsforschung aufzunehmen.[120] Ausführlich diskutierte der Senat über die Ökonomie, mehrere Senatoren setzten sich für die Fortführung der Gruppe ein, stimmten jedoch letztlich überein, dass dies nicht notwendigerweise am Institut geschehen musste. Am 16. März 1979 votierte der Senat nahezu einstimmig für die „Schließung" des Arbeitsbereiches I, die „Umbenennung" des Instituts in „Max-Planck-Institut für Sozialwissenschaften" und die Berufung von Ralf Dahrendorf.[121] Die Weichen schienen gestellt, ein Erfolg in greifbarer Nähe. Doch Dahrendorfs Entscheidung, London hinter sich zu lassen – von wo ihn nach eigenen Worten nichts wegtrieb – und die reizvolle Arbeit mit Jürgen Habermas zu beginnen, war von Zweifeln begleitet. „Mir macht der Ärger um den Abbau des Weizsäcker-Arbeitsbereichs viel Kopfschmerzen", schrieb er Lüst im April 1979. Er gehe davon aus, dass der Schließungsbeschluss umgesetzt und sich für ihn keine weitere Verantwortung ergeben würde. Er wolle sicher sein, „dass die Bedingungen für mein Kommen stimmen".[122] Am 10. Mai berief der Senat Dahrendorf in zweiter Lesung zum Direktor und Wissenschaftlichen Mitglied,[123] vier Tage späte kündigte Dahrendorf an, in London die nötigen Schritte einzuleiten.[124] Am Ende gewannen die Zweifel Überhand, am 22. Mai lehnte er den Ruf ab und trat zudem aus dem Senat zurück, dem er seit 1975 angehört hatte. Zuspruch in London spielte eine Rolle, ebenso eine in seinen Augen verfehlte Pressepolitik der

MPG, die schon früh den Eindruck verstärkt habe, er habe sich bereits für Starnberg entschieden. „Überhaupt ist vielleicht ein bisschen viel Politik in die ganze Unternehmung geraten.“ Irritiert zeigte er sich über die geheime schriftliche Abstimmung in der zweiten Lesung im Senat und dessen „weniger ausgeprägte“ Zustimmung.[125] Für lange Zeit habe er die „Voraussetzungen für günstiger gehalten, als das heute der Fall ist“.[126] Letztlich, so Dahrendorf rückblickend, habe er damals den Eindruck gehabt, Habermas hätte ihm die Auseinandersetzungen mit von Weizsäckers Mitarbeitern und die organisatorische Institutsarbeit überlassen wollen.[127] So befand sich die MPG im Mai 1979 wieder dort, wo ihre 1977 eingesetzte Kommission etwas mehr als ein Jahr zuvor gestanden hatte.

Versuchter Neuanfang

Die Kommission knüpfte an die früheren Pläne und Konzeptionen von Jürgen Habermas an, der nach dem Scheitern des Dahrendorf-Plans schon eine Rückkehr an die Universität erwogen hatte.[128] Habermas präsentierte das Konzept für ein sozialwissenschaftliches Institut mit den vier Abteilungen 1. Philosophie und Soziologie: Entwicklungstheoretische Ansätze im Mikro- und Makrobereich (Habermas), 2. Soziologie: Vergleichende Analyse der Institutionalisierung und Internalisierung von Wertsystemen, 3. Kognitivistische Entwicklungspsychologie, 4. Kulturanthropologie. Die zweite Abteilung sollte der Heidelberger Soziologe Wolfgang Schluchter leiten, die dritte nach wie vor Franz Weinert. Standort sollte, wie noch mit Dahrendorf beschlossen, München sein, zur Universität wünschte sich Habermas eine engere Verbindung.[129]

Das neue Konzept hielt die Kommission für überzeugend und tragfähig, doch erneut stand sie unter Zeitdruck, weil nach Dahrendorfs Absage neue Hoffnungen und Erwartungen bei den Starnberger Mitarbeitern aufgekommen und dadurch die Sozialplanverhandlungen ins Stocken gekommen waren.[130] Die Mitarbeiterkonferenz hatte einen neuen Vorschlag ausgearbeitet, den Arbeitsbereich I neben dem neuen sozialwissenschaftlichen

Institut als „Max-Planck-Institut zur Erforschung der Lebensbedingungen der wissenschaftlich-technischen Welt“ weiterzuführen.[131] Die Kommission erklärte sich dazu jedoch „verfahrensmäßig“ für nicht mehr zuständig, da es sich nach dem Schließungsbeschluss des Senats um den Vorschlag für eine Neugründung handele.[132] Der Vorschlag der Mitarbeiter beschäftigte im November 1979 auch den Senat, der zu diesem Zeitpunkt eigentlich in zweiter Lesung den Schließungsbeschluss hatte verabschieden wollen. Die zweite Lesung war jedoch auf März 1980 vertagt worden, da die Sozialplanverhandlungen nicht abgeschlossen waren. Hier gab es offenbar gravierende Differenzen zwischen den Vorstellungen des Starnberger Betriebsrats, der die von einer Schließung betroffenen Mitarbeiter vertrat, und der MPG.[133] Tatsächlich plädierten in Anwesenheit von Carl Friedrich von Weizsäcker nun einige Senatoren für eine erneute Diskussion über den Arbeitsbereich I, wobei es weniger um die Interessen der Mitarbeiter als um die Forschungsthemen und die „ersatzlose Einstellung“ der Arbeiten des Wissenschaftlers von Weizsäcker ging.[134] Dieser betonte, dass er den Vorschlag der Mitarbeiter nicht initiiert habe, ihn aber befürworte. Auch wies er es von sich, den Mitarbeitern jemals Hoffnungen gemacht zu haben. „[...] ich habe immer gesagt, daß sie damit rechnen müssen, daß sie, wenn ich emeritiert werde, möglicherweise nicht weiterarbeiten könnten [...] Auch wenn ein Nachfolger berufen worden wäre, hätte dieser das entscheiden müssen, ob er die Mitarbeiter weiter behalten wollte. Im Institut habe ich das so konstant gesagt, daß kein Zweifel bestehen konnte bei meinen Mitarbeitern.“[135] Er wünsche sich nur eine faire Anhörung der Mitarbeiter.[136]

Letztlich gab es keine neuen Argumente dafür, den Schließungsbeschluss zu revidieren und die Diskussion über den Arbeitsbereich I von vorne zu beginnen. Vielmehr konnte eine neue Debatte, wie mehrere Senatoren und MPG-Präsident Lüst mehrfach betonten, sogar die Umsetzung des Habermas-Konzepts gefährden. „Ich habe ernste Sorge, wenn die Diskussion erneut geführt wird, daß wir mit leeren Händen dastehen [...]. Die Entscheidung über das Institut für Sozialwissenschaften und die Berufungen an dieses Institut können nicht erst getroffen werden, wenn für den anderen Bereich Klarheit besteht. Herr Habermas hat erläutert, daß dies für ihn nicht tragbar ist, und ich weiß auch nicht, ob wir dann noch mit Herrn Schluchter und Herrn Weinert rechnen können."[137] Nachdem die Unklarheit über den Arbeitsbereich I maßgeblich zur Absage Dahrendorfs beigetragen hatte, drohte die MPG nun möglicherweise auch noch Jürgen Habermas zu verlieren, und mit Habermas wiederum stand und fiel das neue Institut für Sozialwissenschaften.

In den folgenden Monaten schien sich dann doch alles einigermaßen in Wohlgefallen aufzulösen. Nur ein Senator stimmte im November 1979 für eine erneute Aufnahme des Verfahrens.[138] Die Kommission bekräftigte ihre Unterstützung für das Habermas-Konzept und empfahl der Geisteswissenschaftlichen Sektion im Januar 1980 die Weiterführung des Max-Planck-Instituts für Sozialwissenschaften mit vorerst drei Abteilungen. Die von Habermas projektierte vierte Abteilung für Kulturanthropologie sollte erst eingerichtet werden, wenn man dafür eine geeignete Besetzung fand. Als Wissenschaftliche Mitglieder und Direktoren sollten Wolfgang Schluchter und Franz Weinert (beide Heidelberg) berufen werden.[139] Die Geisteswissenschaftliche Sektion bestätigte die Empfehlung nahezu einstimmig und befand wie die Kommission, dass eine „Fortführung" des Starnberger Arbeitsbereiches I nicht mehr zur Debatte stand.[140]

Am 7. März 1980 bestätigte der Senat in zweiter Lesung bei zwei Gegenstimmen und drei Enthaltungen die Schließung des Arbeitsbereiches I zum 30. Juni des Jahres, dem Datum der Emeritierung von Weizsäckers.[141] Die Diskussion zeigte indes, dass damit trotzdem nicht alle Schwierigkeiten vom Tisch waren, die einen Neuanfang im MPI für Sozialwissenschaften belasteten. Die Rede war erstens von „Widerstand" und „unrealistischen Vorstellungen" des Institutsbetriebsrates, der für alle Mitarbeiter Arbeitsplätze innerhalb der MPG fordere. Zweitens spielten erneut Darstellungen in der Presse eine Rolle, namentlich ein Artikel des bekannten Philosophen und Pädagogen Georg Picht in der *Zeit*, der einen Tag vor der Senatssitzung erschien.[142] Picht kritisierte die Schließung als Rückkehr zur bewährten Routine traditioneller disziplinärer Forschung und sah das Ende des alten Starnberger Instituts als Beleg dafür, dass die Zeiten „kritischer"

Wissenschaft vorbei waren. Darüber hinaus jedoch bestätigte die Entscheidung der Max-Planck-Gesellschaft für Picht bestimmte Tendenzen in der Forschungs- und Wissenschaftspolitik der Siebzigerjahre. Die Hochschulen hätten, so Picht, ihre geistige Führungsrolle verloren, und die verstärkte Förderung anwendungsorientierter technologischer und naturwissenschaftlicher Groß- und Auftragsforschung gehe ebenso zu Lasten der Geistes- und Sozialwissenschaften wie die milliardenschwere Förderung von Forschung und Entwicklung im militärischen Sektor. „Die Setzung forschungspolitischer Schwerpunkte und Prioritäten spiegelt die Wertordnung wider, an der sich die reale Praxis von Staat und Gesellschaft jenseits aller Phraseologien orientiert."[143] Die Entscheidung der MPG wurde damit zu einer forschungspolitischen Grundsatzentscheidung par excellence und noch dazu zu einem Symptom gesellschaftlichen Wertewandels im Sinne einer konservativen und neoliberalen „Tendenzwende".

Die Max-Planck-Gesellschaft stand weiterhin unter Beobachtung der Presse, in der sich von Mitarbeitern des Arbeitsbereiches I über von Weizsäcker, den MPG-Pressesprecher und den Präsidenten Reimar Lüst selbst in den Folgemonaten eine ganze Reihe von Beteiligten zu Wort meldete. Insbesondere Lüst geriet in den Fokus, als er die Schließung öffentlich als reine Personalentscheidung begründete und daran festhielt, dass man für von Weizsäcker keinen geeigneten Nachfolger habe finden können, während dieser das Gegenteil behauptete.[144] Der Entscheidungsprozess in einem Gewirr von Kommissionen und Gremien erschien Jost Herbig im *Spiegel* als ein gesichts- und weitgehend konzeptionsloses Verfahren, in dem der „Überraschungsauf- und -abtritt" Dahrendorfs, eingefädelt durch Lüst, eine mehr oder weniger peinliche Episode dargestellt hatte. Das Institut für Sozialwissenschaften könne sich mit dem alten Institut nicht mehr messen, es sei nur die „kostbare sozialwissenschaftliche Brosche auf der Brust der MP-Oberen". Noch dazu brachte Lüst insbesondere die Friedensforschung mit „Dilettantismus und Mittelmaß" in Verbindung[145] und vertiefte so die Gräben zwischen der MPG und den um den Sozialplan verhandelnden Mitarbeitern, vor allem den Forschern der Ökonomiegruppe, um die es nurmehr hauptsächlich ging.[146]

Noch ein weiterer Faktor belastete einen Neuanfang: Die Widerstände der Universität München und der bayerischen CSU-Regierung, Habermas zum Honorarprofessor zu ernennen und damit die gewünschte engere Verbindung zum sozialwissenschaftlichen Fachbereich herzustellen, die der Umzug des Instituts nach München ermöglichen sollte. Schon nach seinem Wechsel aus Frankfurt hatte die Universität Habermas 1972 eine Honorarprofessur versagt.[147] Im September 1980 berichtete *Der Spiegel* über die weiterhin ablehnende Haltung des Universitätspräsidenten Nikolaus Lobkowicz sowie des bayerischen Kultusministers Hans Maier und präsentierte dazu eine lange Liste politisch motivierter Eingriffe bei der Besetzung von Professuren im Freistaat.[148] Während der Fachbereich Sozialwissenschaften Habermas versicherte, dass von dieser Seite „nicht das geringste Bedenken" bestehe,[149] hatten Lobkowicz und Maier sich gegenüber Lüst zwar „positiv" geäußert und eine stärkere Wechselwirkung mit der Universität „begrüßt".[150] Doch werde man noch einige Zeit brauchen, hatte es 1979 kryptisch geheißen, „die an der Universität bestehenden Hemmnisse zu überwinden". Wo auch immer diese Hemmnisse im einzelnen lagen, sie wurden nicht überwunden, und es finden sich bislang keine Belege dafür, dass die Bayerische Regierung damals bereit gewesen wäre, Jürgen Habermas, der in der Hoffnung auf ein gutes Ende in München im übrigen einen Ruf nach Berkeley abgelehnt hatte, im Freistaat zu halten. Im Gegenteil: Als der bayerische Ministerpräsident Franz-Josef Strauß Habermas einen „Sturmvogel der Kulturrevolution"[151] nannte, war das noch ein weiterer Tropfen, der das Fass schließlich zum Überlaufen brachte.

Rücktritt Habermas

Habermas fühlte sich in München unerwünscht, war vom langjährigen Ärger um den Arbeitsbereich I zermürbt und sah sich nicht in der Lage, möglicherweise vier Mitarbeiter von Weizsäckers weiterbeschäftigen zu müssen, für die die MPG keine anderweitigen Anstellungsmöglichkeiten finden konnte und die gegen Kündigungen prozessieren würden.[152] Am Ende lagen die

Nerven blank, ab Januar 1981 standen ein Rücktritt und die Auflösung des ganzen Instituts im Raum. An von Weizsäcker richtete Habermas bittere Klagen über das „rücksichtslos instrumentelle Verhalten“ besagter Mitarbeiter, von denen zwei versuchen würden, sich über die Wahl in den Betriebsrat privilegierten Kündigungsschutz zu verschaffen, damit auf 15 Jahre Beschäftigung in der MPG zu kommen und sich so Lebenszeitstellungen sichern zu wollen. Dieses Verhalten gab in Habermas' Augen dem schlechten Ruf des Instituts innerhalb der MPG noch zusätzlich Nahrung – was Habermas im Wissenschaftlichen Rat von den Kollegen zu spüren bekam –, vergiftete das Betriebsklima im Institut und barg außerdem die Gefahr, als Negativvorbild an anderen Instituten Schule zu machen. „[...] letztlich resigniere ich vor einer Mentalität. Nach meiner privaten Einschätzung wird Herr [x] eher seine Befriedigung darin suchen, die Belegschaft zum kollektiven Selbstmord zu veranlassen, als seine persönlichen Interessen hinter denen seiner Kollegen zurückzustellen. Diese Mentalität ist es denn auch, die mich, neben rechtlichen Erwägungen, davon abhält, die Angelegenheit im Kreise der Mitarbeiter zu erörtern.“[153]

Resignation paarte sich mit dem Unwillen, den Konflikt offen auszutragen. Bis zuletzt scheute Habermas davor zurück, Kündigungen auszusprechen, suchte noch im März 1981 nach Alternativen, etwa Versetzungen, die Gewissheit versprechen konnten, dass die Mitarbeiter nicht weiter am Institut beschäftigt werden müssten, aber auch nicht auf der Straße landeten.[154] Diese Gewissheit konnten ihm die Generalverwaltung und ihre Rechtsabteilung aber nicht geben, die alle möglichen Szenarien durchgespielt hatte.[155] Als er die Kündigungen endlich doch aussprach, erhielt Habermas postwendend den Widerspruch des Betriebsrates, aus dem er die Drohung herauslas, dass die Öffentlichkeit gegen ihn wie gegen die MPG mobilisiert werden würde. Von nun an konsultierte er einen eigenen Anwalt.[156] „Die Gegenseite ist offensichtlich entschlossen, die Prozesse auf den Nachweis der Willkürlichkeit der Kündigungen zu konzentrieren und dabei auch Mittel der persönlichen Diffamierung einzusetzen. Auf dem Niveau eines besseren Familienkrachs soll auch die Max-Planck-Gesellschaft als ganze diskreditiert werden. Nach meiner Einschätzung hat die Gegenseite eine gute Chance, dieser Absicht einen politischen Anstrich und, mit meinem Namen als Aufhänger, eine große Publizität zu geben."[157] Von der Generalverwaltung meinte sich Habermas am Ende schlecht beraten und in „juristisch aussichtslose" Prozesse „verstrickt".[158]

Auch teilte er nicht das Ziel der MPG, in einer Auseinandersetzung, die über Einzelfälle weit hinaus ging, einen Erfolg über einen arbeitsgerichtlichen Musterprozess zu erzwingen. Für die MPG konnte die Starnberger Entwicklung zu einem gefährlichen Präzedenzfall werden: Wenn es nicht gelang, die Kündigungen erfolgreich umzusetzen, bevor die Mitarbeiter das Verfahren so lange herausgezögert hatten, dass sie unkündbar waren, sei damit „augenscheinlich vorgeführt, wie es gemacht werden muß, um Schließungen und Umstrukturierungen in der MPG zu verhindern. Denn die Willensbildung in unseren wissenschaftlichen Beratungsgremien [...] würde blockiert sein von der Befürchtung ähnlicher Auswirkungen, wie sie im Falle Starnberg eingetreten sind, und zwar mit prämiertem Erfolg für die Mitarbeiter, die nicht bereit waren, sich umzuorientieren." Die Bereitschaft zu Schließungen und Umstrukturierungen würde weiter deshalb schwinden, weil jedes Wissenschaftliche Mitglied mit Auswirkungen auf seinen Arbeitsbereich – „Aufnahme von wissenschaftlichen Mitarbeitern, die nicht ins Institut passen" – rechnen müsse.[159] Für Habermas war dieses grundsätzliche rechtspolitische Ziel aber nicht über die anhängigen Prozesse zu erreichen, sondern nur durch öffentliche Diskussion und Willensbildung.[160]

In Erwartung einer öffentlichen Schlammschlacht und der Überzeugung, dass die MPG die arbeitsrechtlichen Prozesse verlieren würde, erklärte Habermas am 7. April 1981 seinen Rücktritt. Neben der verweigerten Honorarprofessur hatte ebenfalls eine Rolle gespielt, schrieb er an MPG-Präsident Lüst, dass Wolfgang Schluchter, als dritter Direktor vorgesehen, den Ruf ans Institut nicht angenommen und Habermas auf der Suche nach einem Kulturanthropologen für die vierte Abteilung bislang nicht erfolgreich gewesen war. Was ihm aber letztlich den Mut geraubt habe, seien das „destruktive Verhalten" der Mitarbeiter, „ohne Rücksicht auf die Existenzbedingungen eines Forschungsinstitutes im ganzen", und die „arbeitsrechtlichen Erfolgsprämien", die er für dieses Verhalten befürchtete. Für diese Mitarbeiter, von denen er zudem auch fachlich nie überzeugt gewesen sei, könne er nicht die Verantwortung übernehmen. Wissenschaftliche Verantwortung trage er eben nicht nur formell, sondern sie werde ihm in Wissenschaft und Öffentlichkeit für Äußerungen seiner Mitarbeiter stets „faktisch" zugeschrieben. „Wenn ich in einer derart definieren Rolle dazu gezwungen wäre, auch nur der Form nach mit Wissenschaftlern zusammenzuarbeiten, die ich nicht aus freien Stücken akzeptieren kann, entstünde eine Asymmetrie von Pflichten und Rechten, mit der ich auf Dauer nicht leben kann."[161] Genau so gab es die MPG am 13. April in einer Presseerklärung an die Öffentlichkeit,[162] die *dpa* zitierte direkt aus dem Rücktrittsschreiben.[163]

So wurde zuerst die Perspektive Habermas' und der MPG publik und bestimmte, ergänzt durch Interviews, die Darstellungen in der Presse. Die *Süddeutsche Zeitung* rekapitulierte das „Desaster von Starnberg", diagnostizierte in jahrelangen Auseinandersetzungen „wundgescheuerte" Nerven und sah das Ende als Konsequenz eines „fatalen" Strukturproblems, wenn ein wissenschaftlicher Direktor Mitarbeiter nicht „loskriege", mit denen er nicht arbeiten könne. „Was nun herauskommen wird, ist ein Aberwitz. Die Max-Planck-Gesellschaft wird wegen vier Wissenschaftlern, die sie nicht haben will, andererseits aber nicht entlassen *kann*, ein ganzes Institut auflösen."[164] Für die *Frankfurter Rundschau* bedeutete der Rücktritt das „Ende einer wissenschaftspraktischen Utopie", befördert zuletzt durch „Bitterkeiten, Irrationalismen und Demütigungen".[165] Auch die *FAZ* sprach von einer „desaströsen Entwicklung" und betrachtete Habermas gewissermaßen als Opfer seines eigenen Selbstverständnisses: Er habe aufgegeben, um nicht „in den Konflikt eines Prozesses" zu geraten. „Zur Groteske wurde somit [...] das Unvereinbare von sozialpflegerischem Druck auf einen linken Gelehrten und dessen wissenschaftlicher Kompetenzerwartung."[166] Denn Habermas wollte sich, wie ihn die *Frankfurter Rundschau* wörtlich zitierte, „nicht an die Front stellen und den dicken Unternehmer spielen".[167] Zwar nicht ein dicker Unternehmer, aber doch wohl ein dicker Ordinarius war er dann beispielsweise in den Augen des *Vorwärts*-Autors Jens Fischer, für den Habermas „nach schlechter deutscher Akademietradition" durch die Entscheidung eines „wie auch immer erlauchten" Wissenschaftlergewissens das Schicksal eines ganzen Forschunganssatzes besiegelt hatte.[168]

Aus der Sicht des *Spiegel* schließlich beendete der Rücktritt „eines der unrühmlichsten Kapitel in der Geschichte der Max-Planck-Gesellschaft". „Mißverständnis, Rechthaberei, Naivität, Starrköpfigkeit, Politik und Eitelkeit haben selten so eng zusammengewirkt wie beim Untergang der von Carl Friedrich von Weizsäcker mit hohen Erwartungen 1970 gegründeten Forschungseinrichtung, die sich bis Mitte vergangenen Jahres noch ‚Max-Planck-Institut zur Erforschung der Lebensbedingungen der wissenschaftlich-technischen Welt' nannte."[169] Im Gespräch mit Habermas wurde nun auch deutlich, dass es wohl personalpolitische Konflikte mit von Weizsäcker gewesen waren, die 1975 zur Teilung des Instituts in die beiden Arbeitsbereiche geführt hatten. Habermas habe bereits damals „von der Verantwortung für die Projekte der Weizsäcker-Leute entlastet" werden wollen. Am Ende, vermutete *Der Spiegel* mit allen Beteiligten, sei „im Poker um Arbeitsplätze, um Pfründen und um verschiedene Auffassungen von Wissenschaft falsch gespielt" worden, und die MPG habe das Starnberger Experiment sicher nicht ohne Schadenfreude scheitern lassen. „Jetzt gibt es nur noch Opfer. Täter will keiner gewesen sein."

Am 22. April 1981 übernahm der Entwicklungspsychologe Franz Weinert, mit dem sich Habermas in den vergangenen Monaten abgestimmt hatte, die alleinige Leitung eines sozialwissenschaftlichen Rumpfinstituts,[170] dessen Auflösung nurmehr eine Frage von Wochen war. Im Mai distanzierten sich die Mitarbeiter von Jürgen Habermas von ihrem bisherigen Vertreter, der dem Arbeitsbereich I angehörte, und damit von der Politik, die die Mitarbeiter des Weizsäcker-Arbeitsbereiches verfolgt hatten.[171] Um seine Vorstellungen über die Zukunft des Institutes gebeten, konnte Weinert nichts anderes als die Schließung empfehlen. Das Institut sei „in seiner inneren Mentalität zutiefst beschädigt" und sein Ruf durch die Presseberichte derart beeinträchtigt, dass es kaum mehr gelingen werde, qualifizierte Wissenschaftler zu gewinnen. Es sei „praktisch schon destruiert“ und das ursprüngliche Konzept, insbesondere die Verbindung von mikro- und makrostruktureller Forschung, ohne Habermas nicht mehr zu verwirklichen.[172] So empfahl die Geisteswissenschaftliche Sektion dem Senat (mit 21 Ja-Stimmen und neun Enthaltungen) am 21. Mai 1981 die Schließung des Max-Planck-Instituts für Sozialwissenschaften.[173]

Die langjährige Schließungsdebatte zeigte, dass das geringe Risiko, das der Senat einst bei der Gründung gesehen hatte, eine fatale Fehleinschätzung gewesen war. Die Geister, die die MPG gerufen hatte, wurde sie nur schwer wieder los. Das Starnberger Institut hatte polarisiert und einerseits Hoffnungen und Erwartungen geweckt, andererseits Ablehnung und Feindschaft erzeugt. Starnberg hatte die ideologischen Auseinandersetzungen der 1970er-Jahre in die MPG getragen. Programm- und Personalentscheidungen waren zu politischen Entscheidungen geworden, und die MPG als eine Gesellschaft, die auf Diskretion und Entscheidungsprozesse hinter verschlossenen Türen setzte, war unter öffentliche Beobachtung geraten. Die Geisteswissenschaftliche Sektion war sich indes 1981 einig, dass die Schließung nicht das Ende der Sozialwissenschaften in der MPG bedeuten durfte. Doch wie sollte deren Zukunft in der Max-Planck-Gesellschaft aussehen? Welche Art von Sozialwissenschaften sollte sie fördern? Darüber beriet von nun an eine neue Kommission. Mit welchen Hypotheken, Belastungen und Notwendigkeiten diese Kommission operieren musste, dürfte die Geschichte der Starnberger Schließung illustriert haben.

II. Sozialwissenschaften „nach dem Boom"

Um die Mitte der 1970er-Jahre begann eine Phase sozialwissenschaftlicher Identitätssuche, Vergewisserung und Neuorientierungen, deren Ergebnisse sich rund ein Jahrzehnt später abzeichneten und die sich für die Ebene soziologischer Theorien und Forschungsansätze mit den Schlagwörtern „Pluralisierung" und „cultural turn" zusammenfassen lassen. Die dominanten „Schulen" der ersten Nachkriegsjahrzehnte der Bundesrepublik – die „Frankfurter Schule" um Theodor W. Adorno und Max Horkheimer, die so genannte „Kölner Schule" um René König und das etwas lockerer verfasste „Schelsky-Cluster"[1] – begannen sich aufzulösen. Damit gelangte allmählich die Dominanz zweier Ansätze, der Kritischen Theorie und der strukturfunktionalistisch ausgerichteten empirischen Soziologie, an ein Ende und ging in einem, wie es der Soziologiehistoriker Volker Kruse formuliert hat, „pluralistischen Mix verschiedener Richtungen" auf, in dem neben den früheren Ansätzen kulturwissenschaftliche, phänomenologische und systemtheoretische Orientierungen neue Rollen spielten.[2]

Die Reflexionen über die Rolle sozialwissenschaftlichen Wissens in der Gesellschaft der Bundesrepublik, über die Rolle wissenschaftlicher Experten sowie das Verhältnis von Sozialwissenschaft und Politik gestalteten sich seit den Siebzigerjahren bedeutend anders als zuvor. Neu waren Zweifel an den Möglichkeiten wissenschaftlicher Erkenntnis, Zweifel an Theoremen des Fortschritts, der Planung und der Machbarkeit, Selbstkritik und die Wahrnehmung von zahlreichen Defiziten der bisherigen Forschung, die sich unter dem Rubrum „Krise der Soziologie" zusammenfassen lassen. Die innerfachlichen Diskussionen über die eigenen Selbstverständnisse und die damit verbundenen Neuorientierungen, die sich 1984 letztlich auch im Programm des Kölner Max-Planck-Instituts für Gesellschaftsforschung niederschlugen, müssen im breiteren gesellschaftlichen und politischen Kontext der Zeit „nach dem Boom“ betrachtet werden. Die Jahre nach dem Boom kennzeichneten neue Dimensionen gesellschaftlichen Wandels, die die Sozialwissenschaften vor eine immense Herausforderung stellten. Bis Anfang der Siebzigerjahre war die Entwicklung der Sozialwissenschaften und Soziologie von Expansion und Fortschrittsoptimismus geprägt gewesen. In enger Allianz mit der Politik waren sich zahlreiche Wissenschaftler gewiss, in der Bundesrepublik die sozial- und wohlfahrtsstaatliche Moderne verwirklichen zu können, indem sie die wissenschaftlichen Grundlagen für politische Reformen und eine aktive, rationale, vorausschauende und gestaltende Politik schufen. Eine zentrale Rolle spielte dabei die so genannte „Fünfundvierziger“-Generation, deren Mitglieder die westdeutsche Soziologie seit den späten Fünfzigerjahren prägten und der Renate Mayntz, Jürgen Habermas und Ralf Dahrendorf angehörten. Diese Generation war es auch, die der empirischen Sozialforschung in der Bundesrepublik zum Durchbruch verhalf. Die empirische Sozialforschung orientierte sich stark an US-amerikanischen Vorbildern und verknüpfte den Glauben an die wissenschaftliche Durchdringbarkeit der sozialen Welt untrennbar mit dem Projekt gesellschaftlicher Modernisierung und politischer Gestaltung.

Die Defizite sozialwissenschaftlicher Prognosen, Planungsprojekte und politischer Steuerung sowie das Bewusstsein, sozialen Wandel nicht mehr adäquat erfassen zu können, kratzten in den Siebzigerjahren jedoch an alten Überzeugungen, Selbstverständnissen und Sicherheiten. Die Wissenschaft erschien politisierbar und wertgebunden, die Experten wurden durch Gegenexperten entzaubert, die neuen gesellschaftlichen Problemstellungen forderten neue Herangehensweisen, neue Begriffe und neue Theorien. Der DGS-Vorsitzende Joachim Matthes plädierte gar für eine epistemologische Wende und radikale Erneuerung der Soziologie mit Hilfe von Sozial- und Kulturanthropologie, Ulrich Beck und Wolfgang Bonß brachten die

Theorie reflexiver Modernisierung aufs Tableau. Renate Mayntz führten die Defizite und Restriktionen politischer Steuerung zunächst in die Implementationsforschung, ließen sie Anfang der Achtzigerjahre dann aber nicht nur an deren Grenzen, sondern auch an die Grenzen sozialwissenschaftlichen Wissens stoßen.

Die Krise der Soziologie

Passend zur politischen Kampfrhetorik in den Auseinandersetzungen um die konservative „Tendenzwende“ diagnostizierte 1976 ein Sammelband eine umfassende „Krise der Soziologie“. Den Anfang machte mit Arnold Gehlen ein bekannter Exponent der altkonservativen Garde. Gehlen sah die Soziologie von der Politik „okkupiert“, genauer von einer bestimmten politischen Ideologie, nämlich durch einen „halbmarxistischen Liberalsozialismus“ amerikanischer Provenienz, einer Ideologie der Besatzungsfunktionäre, in Deutschland bekannt als Frankfurter Schule.[3] „Ideologisch“ waren aber nicht allein die explizit gesellschaftskritischen und bewusst politisch argumentierenden Intellektuellen um Theodor W. Adorno, Max Horkheimer und Jürgen Habermas, sondern auch die empirisch ausgerichteten Vertreter des strukturfunktionalistischen Ansatzes.[4] Die Kritik an einer allzu weitreichenden Amerikanisierung der westdeutschen Soziologie vereinte seit den Sechzigerjahren vor allem konservative Soziologen, die eine stärkere Besinnung auf deutsche Traditionen forderten, namentlich auf die Klassiker Max Weber und Georg Simmel.[5] Bei allem antiamerikanischen Ressentiment benannte Gehlen einige der Fragen, die die Profession nach den Jahren des Booms, der Expansion des Faches an den Hochschulen, den Allianzen und Friktionen um „1968“, nach dem Siegeszug sozialwissenschaftlicher Experten in Politikberatung, Planungsbürokratie, Unternehmen und Verbänden und angesichts einer nie dagewesenen Nachfrage nach sozialwissenschaftlichem Deutungswissen in der Öffentlichkeit in den Siebziger- und Achtzigerjahren beschäftigten. Nicht nur aus Gehlens Perspektive befand sich die Soziologie 1976 in einer Identitätskrise, die eine Rekapitulation der innerfachlichen Entwicklungen der vergangenen Jahre und eine grundlegende Reflexion über die eigenen Selbstverständnisse, Methoden und Möglichkeiten erforderte. Es gelte zu klären, „für was wir die Soziologie als Wissenschaft eigentlich halten, wie sie vom Gegenstand und von der Methodik her zu verstehen wäre und wo ihre Grenzen liegen".[6]

Die Veränderungen im Fach, die dann die Achtzigerjahre prägten, verschränkten sich mit neuartigen und tiefgreifenden gesellschaftlichen wie politischen Wandlungsprozessen, die man einerseits begrifflich zu fassen, zu analysieren und zu deuten suchte, die sich andererseits aber den bisherigen Begriffen, Kategorien, Theorien und Methoden entzogen, so dass vielfach von „krisenhaften" Entwicklungen die Rede war. Hatte man es, fragte Burkhart Lutz 1982 auf dem Bamberger Soziologentag mit dem bezeichnenden Motto „Krise der Arbeitsgesellschaft?", mit einer historischen Strukturkrise im Sinne eines säkularen Entwicklungsbruches zu tun, obwohl die bis dahin vorliegenden empirischen Befunde eher dagegen sprächen? Gab es *keine* Strukturkrise, warum verträten dann viele Soziologen diese These? Und handelte es sich doch um eine, warum erfasse dann die soziologische Forschung zentrale Veränderungen offenbar ausgesprochen unzuverlässig?[7] Die erste mögliche Erklärung für Lutz war folgende: Die Soziologen neigten zu einer pessimistischen Position angesichts von Enttäuschungen und frustrierenden Erfahrungen der letzten Jahre und projizierten diese auf ihren Gegenstand. Das, was sich in den Köpfen als krisenhafter Prozess darstellte, war dann vielleicht gar keine Krise der Gesellschaft, sondern nur eine Krise der Soziologen.[8]

Die zweite Erklärung musste ungleich nachdenklicher stimmen: Die Soziologie war möglicherweise außer Stande, eine Strukturkrise zu diagnostizieren, da ihre Begriffe, Theoreme, Methoden und innerfachliche Spezialisierung auf der Prämisse gesellschaftlicher Kontinuität gründeten. Sie ging von der Konzeption der „industriellen Gesellschaft" aus, die einen umfassenden „gesamtgesellschaftlich-historischen Verweisungszusammenhang" bildete, einen Rahmen, der auf Kontinuität und Stabilität abgestellt war und in dem eine Strukturkrise gewissermaßen gar keinen Platz hatte.[9] Die innersoziologische Arbeitsteilung – in Familien-, Bildungs-, Rechts-, Stadt-, Agrar-,

Industrie-, Verwaltungssoziologie und so weiter – hatte sich die verschiedenen gesellschaftlichen Subsysteme zum Gegenstand genommen und bestätigte damit im Prinzip die strukturfunktionalistische Theorie gesellschaftlicher Differenzierung im Rationalisierungs- und Modernisierungsprozess. Veränderten sich nun die Grundmuster gesamtgesellschaftlicher Strukturen und Entwicklungen, das heißt: verschob sich der Rahmen, den bislang die „industrielle Gesellschaft" geboten hatte, dann waren die neuen Entwicklungen aus den Perspektiven der „klassischen" Teilsoziologien nicht mehr zu erfassen, weil erstens die Gegenstände quer zu den neuen Problemkonstellationen lagen und zweitens ein Blick auf das Ganze fehlte.

In der Zeitgeschichtsschreibung stellen sich gegenwärtig ähnliche Fragen wie damals in der bundesrepublikanischen Soziologie. Im Werkzeugkasten soziologischer Begriffe, Konzepte, Deutungsangebote und Interpretamente suchen Zeithistoriker nach dem geeigneten Rahmen, in dem sich die Forschungsgegenstände und Entwicklungslinien seit den Siebzigerjahren benennen, beschreiben und analysieren ließen. Dabei stehen sie zum einen vor der Schwierigkeit, dass gern aufgegriffene Konzepte wie die „postindustrielle Gesellschaft"[10], die „Risikogesellschaft"[11] oder der „Wertewandel"[12] zugleich Phänomene des Wandels waren, den sie zu bezeichnen suchten, zeitgenössische Begriffe und Deutungen, die es genau so zu historisieren gilt wie das, worauf sie sich bezogen.[13] Zum anderen haben es Zeithistoriker spätestens seit dem Boom der Sechzigerjahre mit einer präzedenzlosen Menge und Qualität sozialwissenschaftlicher Begleitforschung zu tun, die sich bereits mit derselben Problematik auseinandergesetzt hat, die die Historiker nach der fachüblichen Inkubationszeit von rund dreißig Jahren beschäftigt. Die methodischen und erkenntnistheoretischen Probleme, die damit verbunden sind, sind dabei oftmals unterbelichtet geblieben. Dass es angesichts der schieren Masse relevanter, aber fachfremder Literatur bisweilen zu Déjà-vus kommt und sich Neuentdeckungen als bereits Gedachtes und differenziert Diskutiertes entpuppen, mag zu entschuldigen und zu verschmerzen sein.[14] Weitgehend unbeantwortet ist ebenfalls die Frage geblieben, wie der sozialwissenschaftlich ungeschulte Historiker mit den Daten und Tatsachenkonstruktionen der empirischen Sozialforschung umgehen soll.[15] Trotz der erkenntnistheoretischen und methodischen Schwierigkeiten, die mit der Historisierung dieser Zeit verbunden sind, haben sich einige zentrale Signaturen herausgeschält.

Signaturen einer Umbruchzeit

Die Formulierung „nach dem Boom" ist, wie die diversen Konstruktionen mit dem Präfix „post" – postmodern, postindustriell, postmaterialistisch, postfordistisch –, mit denen Entwicklungen der Siebzigerjahre charakterisiert worden sind, eine Hilfskonstruktion. All diese Formulierungen verbindet die Feststellung, dass etwas zu Ende gegangen ist und dass das, was begonnen hat, eine neue Bezeichnung verlangt. Unklar ist jedoch, was die adäquate Bezeichnung sein könnte – siehe die oben erwähnte Suche bereits der Zeitgenossen nach Begriffen und Deutungsrahmen – und damit ebenfalls, mit welchen Narrativen sich die Geschichte schreiben lassen könnte. Der Sinn von Narrativen liegt darin, dass sich mit ihrer Hilfe übergreifende Prozesse benennen und darstellen, Einzelbefunde integrieren lassen und sich auf den ersten Blick Disparates zusammenführen, verstehen, kontextualisieren und interpretieren lässt. Narrative oder Interpretamente sind das eine, Periodisierungen ein anderes zentrales Werkzeug historischer Darstellung und Erklärung.[16] Der Beginn der Epoche „nach dem Boom" orientiert sich an einigen Schlüsseldaten der frühen Siebzigerjahre, die das Ende des von exzeptionellem Wirtschaftswachstum und wohlfahrtsstaatlicher Expansion geprägten „Booms" der Nachkriegsjahrzehnte markierten und für Deutschland und die westlichen Industrienationen auf verschiedenen Ebenen einen fundamentalen Wandel symbolisierten.[17] Zu diesen Schlüsselereignissen zählen die Auflösung des Systems fester Wechselkurse von Bretton Woods zwischen 1971 und 1973 sowie die erste Ölpreiskrise von 1973 – als Auftakt für eine Zeit globaler Konjunkturschwankungen, niedrigerer Wachstumsraten, hoher Arbeitslosenquoten und steigender Staatsverschuldung; das Erscheinen und die breite

Rezeption des Berichtes des *Club of Rome* über „Die Grenzen des Wachstums“ 1972[18] – als Ausdruck einer ökologischen und fortschrittsskeptischen Bewusstseinswende in Öffentlichkeit und Politik, für die man auch die Gründung des Max-Planck-Instituts zur Erforschung der Lebensbedingungen der wissenschaftlich-technischen Welt 1970 in Starnberg als Indikator heranziehen könnte; in der Bundesrepublik außerdem der Regierungswechsel von Willy Brandt zu Helmut Schmidt 1974 – als Übergang von einer Dekade gesellschaftlicher Reformen und keynesianisch inspirierter Planungseuphorie in eine Ära pragmatischer Realpolitik bis zum Aus der sozialliberalen Koalition 1982.

Ließen sich die Geschichte der Bundesrepublik nach 1945 und insbesondere die „langen“ Sechzigerjahre zwischen 1957 und 1973/74 als Erfolgsgeschichte schreiben und in Narrativen wie „Liberalisierung“, „Demokratisierung“ und „Verwestlichung“ analysieren,[19] präsentieren sich „die“ Siebzigerjahre vor diesem Hintergrund als ein Jahrzehnt von „Ambivalenzen und Widersprüchen“,[20] des Nebeneinanders von „Krisen und Chancen“[21] oder als „formative Phase“ eines Übergangs.[22] Außerdem als eine Zeit, in der – insbesondere die Sozialstaatsdebatte sei hier genannt – diverse Problem- und Themenfelder aufkamen, die bis in die Gegenwart diskutiert werden.[23] Was viele Debatten kennzeichnete, war die Rede von „Krisen“, mit denen, wie es auch in den Überlegungen von Burkhart Lutz zum Ausdruck kam, oftmals Gefühle von Unsicherheit verbunden waren.[24] Diskutiert wurden wirtschaftliche und soziale Unsicherheiten angesichts stockender Wachstumsraten, Arbeitslosigkeit sowie begrenzter finanzieller Spielräume und Einflussmöglichkeiten des Staates. Die „innere Sicherheit“ war durch den Terrorismus bedroht, der mit dem Olympia-Attentat 1972 die „heiteren Spiele“ in München erschüttert hatte und in der Bundesrepublik 1977 im „Deutschen Herbst“ einen traurigen Höhepunkt fand.[25] Die atomare und Reaktorsicherheit standen nicht erst seit dem Störfall im amerikanischen Kernkraftwerk in Harrisburg auf der Agenda, sondern waren schon 1975/76 von Umwelt- und Anti-AKW-Bewegung in den Demonstrationen in Wyhl und Gorleben massenwirksam artikuliert worden.[26] Hinzu kam das Thema äußere Sicherheit, als die Angst vor einem atomaren Krieg im Umfeld des NATO-Doppelbeschlusses zu Beginn der Achtzigerjahre Hunderttausende auf die Straße trieb. In organisierten Protesten gegen Regierungsvorhaben und Projekte der öffentlichen Hand äußerten sich Skepsis und Widerstand gegenüber dem Staat, und dies verwies auf eine „Legitimationskrise" des politischen Systems, auf eine wachsende Kluft zwischen Bürgern und politisch-administrativen Eliten in Parteien, Parlamenten, Behörden und Verbänden.[27] In den so genannten Neuen Sozialen Bewegungen, zu denen neben der Umwelt- und Anti-AKW-Bewegung am prominentesten die Friedens-, die Dritte-Welt- und die Frauenbewegung zu zählen sind, sammelte sich eine außerparlamentarische Opposition, die mit der Gründung der *Grünen* und deren Einzug in den Bundestag 1983 die Koordinaten des westdeutschen Parteiensystems und seine Agenda veränderte.[28]

Insbesondere konservative Kritiker sahen den Staat und etablierte soziale Institutionen seit „1968" durch eine Kultur des Protests und des zivilen Ungehorsams herausgefordert. Sie wandten sich nicht nur gegen die außerparlamentarischen Bewegungen, sondern ebenso gegen die von der sozialliberalen Regierungskoalition vorangetriebenen Reformen im Sinne von Demokratisierung und Mitbestimmung, die in ihren Augen Hochschulen und Staat zu lähmen oder gar zu vernichten drohten. Die Ausweitung des Wohlfahrtsstaates hatte in dieser Perspektive nicht zu mehr Vertrauen in den Staat und die demokratischen Institutionen geführt, im Gegenteil. Der soziale Konsens sei vielmehr zunehmend erodiert, es seien immer mehr Ansprüche an den Staat entstanden, die dieser noch dazu selbst geweckt habe und die er nun nicht erfüllen konnte.[29] Das staatliche Gewaltmonopol werde untergraben, und der Staat habe an Autorität verloren, was man nicht zuletzt mit einer nachlassenden Verbindlichkeit von Werten und Normen – dem beklagten „Werteverfall" – verband und als Quittung der gesellschaftlichen Liberalisierung des vorangegangenen Jahrzehnts verbuchte.[30] Die Erneuerung und Konjunktur konservativen Denkens und der Ruf nach einer „Tendenzwende", die erst in verschiedenen Wahlerfolgen der CDU und CSU auf Landesebene und im erfolgreichen Misstrauensvotum von 1982, schließlich in der

Bundestagswahl von 1983 ihren politischen Ausdruck fanden, gehören ebenfalls zu den Signaturen der Zeit „nach dem Boom“.

Überdies warf die Globalisierung ihre Schatten, als man feststellen musste, dass man es in den Fragen von Terrorismus, Wirtschaft, Umwelt oder sozialer Ungleichheit mit national nicht eingrenzbaren „Risiken“ zu tun hatte. Damit war eine Konjunktur von Katastrophenszenarien verbunden, und an die Stelle des „Reformklimas“ trat allmählich ein „Problemklima“. Die Fortschreibung der Vergangenheit in die Zukunft schien nicht mehr ohne Weiteres möglich.[31] „Können wir uns darauf verlassen“, fragte Burkart Lutz 1982, „daß die Entwicklung [...] über kurz oder lang wieder in einen vernünftigen Pfad einmünden wird, der per saldo der größten Zahl sichere Wohlstandsmehrung verspricht?“ Ein solches Vertrauen war zwar wünschenswert, doch Vorsicht geboten, denn sich zu irren hieß, dass im Ernstfall womöglich keine Zeit mehr zum Handeln blieb: Befand sich die Gesellschaft wirklich inmitten einer Strukturkrise und sollte es „nicht zur Katastrophe kommen“, dann musste aus der Krise nur „eine andere, von der alten gelöste gesellschaftliche Strukturkonstellation hervorgehen“.[32]

Aus dieser Perspektive ergab sich eine immense Verantwortung für die zeitgenössische Soziologie und Sozialwissenschaft, die klären mussten, ob es eine Krise oder gar einen Entwicklungsbruch gab und wie die Gesellschaft letztlich vor der „Katastrophe“ bewahrt werden konnte. Katastrophen hatten Konjunktur und waren auch in der Soziologie ein probates Mittel, öffentliche Aufmerksamkeit zu erringen, politisches Interesse und Bedarf zu erwecken und damit finanzielle Ressourcen für wissenschaftliche Expertise zu erschließen.[33] Unter den Konsequenzen, die sich für die Soziologie aus derartigen Herausforderungen ergaben, führte Lutz entsprechend den Bedarf an einer adäquaten Forschungsinfrastruktur innerhalb und außerhalb der Hochschulen an. Dies war eine der Voraussetzungen für systematische, empirische Arbeiten, mit denen die strukturellen Zusammenhänge durchleuchtet werden sollten. Auf keinen Fall durfte sich die Soziologie auf „feuilletonistische Weltdeutung“ zurückziehen und sich zudem nicht „automatisch mit einer bestimmten gesellschaftlichen Orientierung“ assoziierbar machen.[34] Die Kritik an mangelhafter Empirie hatte auch in den Diskussionen um das Starnberger Max-Planck-Institut eine Rolle gespielt, und „mehr Empirie" war schließlich eines der Leitmotive bei der Kölner Neugründung. Um die empirische Forschung und die von Lutz angedeutete Politisierung der Soziologie wird es weiter unten in diesem Kapitel noch gehen.

Zu den Signaturen der Zeit nach dem Boom gehört ein Ende optimistischer Zukunftserwartungen, die in den Jahren seit dem Wirtschaftswunder kontinuierlich gewachsen waren und den Bereich individueller Zukunftsvorstellungen genau so erfasst hatten wie die von wissenschaftlichen Planungsexperten gestützte Wirtschafts-, Sozial- und Gesellschaftspolitik.[35] So ließen sich Grundstimmungen und Überzeugungen der „langen" Sechzigerjahre mit Ausdrücken wie Zukunftsoptimismus, Machbarkeitsdenken, Planbarkeit, Gestaltbarkeit oder Planungseuphorie charakterisieren.[36] Der Umschwung in den Siebzigerjahren war im persönlich-privaten Bereich der Bevölkerung ebenso zu beobachten wie in der Politik und in den Sozialwissenschaften. Auf die Frage, ob man dem neuen Jahr mit Hoffnungen, Befürchtungen, Skepsis oder unentschieden entgegensehe, hatten 1962 noch 61 Prozent der Befragten mit „Hoffnungen" geantwortet, für 27 Prozent hatten Befürchtungen und Skepsis überwogen. 1973 hatte sich das Verhältnis umgekehrt, lediglich 30 Prozent sprachen von Hoffnungen, 58 Prozent hingegen von Befürchtungen oder Skepsis. Erst ab 1981 nahmen die Hoffnungen langsam wieder zu und erreichten 1985 denselben Wert wie 1962. Die Apokalypse war nicht eingetreten, die atomare und ökologische Katastrophe waren ausgeblieben, Reagan und Gorbatschow steuerten auf Entspannung zu, die Wirtschaft wuchs wieder, der Aufbruch ins Medien- und Informationszeitalter hatte begonnen.[37] Man könnte sagen: Die Gesellschaft hatte sich mental in einer neuen Gegenwart eingerichtet, nachdem die Umwälzungen zum Beginn der Siebzigerjahre zunächst Verunsicherung und Desorientierung hervorgerufen hatten. Bislang Gewohntes war in Frage gestellt worden und hatte Anpassungen und Arrangements erfordert. Dies galt auch für die Sozialwissenschaften.

Die Sozialwissenschaften befanden sich Anfang der Siebzigerjahre auf dem Höhepunkt einer Entwicklung, die der Historiker Lutz Raphael als „Verwissenschaftlichung des Sozialen" charakterisiert hat. Zusammengefasst ist darunter „die dauerhafte Präsenz humanwissenschaftlicher Experten, ihrer Argumente und Forschungsergebnisse" – namentlich aus der Medizin, aus Psychiatrie und Psychologie, Kriminologie und Pädagogik, aus der Soziologie und aus Rechts-, Politik- und Wirtschaftswissenschaft – „in Parteien und Parlamenten, bis hin zu den alltäglichen Sinnwelten sozialer Gruppen, Klassen oder Milieus" zu verstehen.[38] Human- und sozialwissenschaftliche „Experten" hatten sich seit dem ausgehenden 19. Jahrhundert in den Arbeits- und Handlungsfeldern der modernen Wohlfahrtsstaaten etabliert, wurden in politische Willensbildungs- und Entscheidungsprozesse eingebunden und beteiligten sich an der Erfassung, Verwaltung und Veränderung sozialer Handlungsfelder. Die „Verwissenschaftlichung des Sozialen" war aufs Engste mit dem Auf- und Ausbau des Sozial- und Interventionsstaates verknüpft, der präzise quantifizierbares Wissen über die Gesellschaft benötigte. Effektives, steuerndes und möglicherweise sogar gestaltendes Regierungs- und Verwaltungshandeln setzten eine genaue Kenntnis darüber voraus, wie Wirtschaft und Gesellschaft organisiert waren, wie sie funktionierten und welchen „Entwicklungstendenzen" sie unterworfen waren.[39]

Allianzen der Sechzigerjahre

In den Sechzigerjahren des 20. Jahrhunderts schienen sich die westdeutschen Sozialwissenschaften als „Leitwissenschaft des Sozialstaats" zu etablieren. Parallel zur Expansion an den Hochschulen erfolgte die Professionalisierung eines Wissenschaftsfeldes, dessen Vertreter reformerische Impulse für die Politik geben wollten und dafür das „Deutungswissen der Moderne" und der *Modernisierung* bereitstellen zu können glaubten.[40] Sozialwissenschaftler waren angetreten, die sozial- und wohlfahrtsstaatliche Moderne zu verwirklichen, den deutschen „Sonderweg", der in der nationalsozialistischen „Katastrophe" kulminiert war, zu beenden und in der Bundesrepublik ein „modernes“ demokratisches, rechtsstaatliches, soziales und von wirtschaftlichem Wohlstand geprägtes Gemeinwesen zu festigen. Mehr noch als Deutungswissen boten verschiedene sozialwissenschaftliche Disziplinen Praxiswissen an, das bei der Gestaltung der Arbeits- und industriellen Beziehungen, in Unternehmen, Betrieben und in unterschiedlichen Politikbereichen, namentlich in der Wirtschafts-, in der Bildungs- und in der Sozial- und Gesellschaftspolitik „verwendet“ werden konnte.[41] Dem Sozial- und Wohlfahrtsstaat kam die Rolle eines Agenten zu, der die ökonomische und gesellschaftliche Modernisierung vorantreiben und eine politische und wirtschaftliche Krise, wie sie etwa zum Untergang der Weimarer Demokratie geführt hatte, verhindern sollte.[42] In den Sechzigerjahren bildete sich vor diesem Hintergrund eine stabile und einflussreiche „Diskurskoalition“ zwischen Politikern und Sozialwissenschaftlern, in der politische Reformen und der Ausbau eines steuernden und gestaltenden politisch-administrativen Systems eng miteinander verknüpft waren und auf wissenschaftlicher Expertise basieren sollten.[43] In den Sechzigerjahren setzte sich die Überzeugung durch, dass „moderne“ und effektive Politik vorausschauende und planende Politik sein musste, die wissenschaftlicher Grundlagen und Prognosen bedurfte, und dass „Globalsteuerung“ sowie eine „integrierende Gesamtplanung“ und Koordinierung politischen und administrativen Handelns nicht nur notwendig, sondern aufgrund des verfügbaren Wissens auch möglich waren.[44]

Einen markanten Ausdruck fand diese Überzeugung in der Expansion wissenschaftlicher Beratungsgremien in Bundesministerien und -behörden, deren Zahl sich 1970 gegenüber den späten Fünfzigerjahren verdoppelte. Hinzu kam eine Vielzahl von Sachverständigenräten und -kommissionen, in denen sozialwissenschaftliche Experten an den gesellschaftspolitischen Reform- und Steuerungsvorhaben mitwirkten. Zu den prominentesten Kreisen zählten der bereits 1957 eingerichtete Wissenschaftsrat, dessen Vorsitzender 1969 der spätere Präsident der Max-Planck-Gesellschaft Reimar Lüst wurde, sowie der Sachverständigenrat zur Begutachtung der gesamtwirtschaftlichen Entwicklung (1963). Außerdem der Bildungsrat (1965), dem mit

Hellmut Becker und Friedrich Edding zwei Direktoren des Berliner Max-Planck-Instituts für Bildungsforschung angehörten sowie der dann beinahe nach Starnberg gewechselte Ralf Dahrendorf und die spätere Direktorin des Max-Planck-Instituts für Gesellschaftsforschung in Köln Renate Mayntz. Mayntz war, gemeinsam mit ihrem späteren Kölner Co-Direktor Fritz Scharpf, überdies Mitglied der Projektgruppe Regierungs- und Verwaltungsreform (eingerichtet 1967) und der von Niklas Luhmann geleiteten Studienkommission für die Reform des öffentlichen Dienstrechts.[45] Sozialwissenschaftliches Wissen war gefragt, politische, soziale und wirtschaftliche Krisen konnten mit Hilfe wissenschaftlicher Expertise verhindert, Wachstum verstetigt und Politik rationaler, effizienter und unideologisch gestaltet werden. Wissenschaftler und Forscher als Architekten technischen und sozialen Fortschritts genossen Autorität in der Öffentlichkeit. Der Politik boten sie Legitimität und Entscheidungswissen in der auf Wachstum und Fortschritt abonnierten Industrie- und Wohlstandsgesellschaft der Bundesrepublik.

Die Rolle der „Fünfundvierziger“

Innerhalb der Soziologie war es besonders die empirische Sozialforschung, die sich in die Allianz mit der Politik begab, und es war eine bestimmte Generation, die dem Fach im Boom der Sechzigerjahre ihren Stempel aufdrückte und seine Selbstverständnisse und Überzeugungen prägte. Die Generation waren die so genannten „Fünfundvierziger“ (diesen Ausdruck prägte der ihr selbst angehörende Kritiker und Publizist Joachim Kaiser), Jahrgänge zwischen ungefähr 1925 und 1930, deren gemeinsamen Erfahrungshintergrund die nationalsozialistische Diktatur, der Weltkrieg und der Zusammenbruch von 1945 bildeten.[46] Sie hatten ihre Ausbildung erst nach dem Krieg begonnen, viele von ihnen gingen als Stipendiaten in den Fünfzigerjahren in die USA, sie wurden früh zu überzeugten Demokraten und reagierten zumeist allergisch auf Ideologie, Fanatismus und Gemeinschaftssehnsüchte. Neben und nach der „Gründergeneration“ der bundesrepublikanischen Soziologie um Helmut Schelsky, René König, Max Horkheimer und Theodor Adorno, im weiteren Kreis Otto Stammer und Helmuth Plessner, rückten die „Fünfundvierziger“ schon in jungen Jahren auf die Lehrstühle sowie in den Vorstand der Deutschen Gesellschaft für Soziologie (DGS) und gewannen früh Einfluss auf die Entwicklung ihres Faches. Die kulturkritische und historische Tradition der deutschen Soziologie etwa Hans Freyers lag den meisten von ihnen fern, ihr Gegenstand war die Gegenwart der westdeutschen Gesellschaft.[47] Heinz Bude hat dies die „Negation des deutschen Geistes“ genannt und Jürgen Habermas, Ralf Dahrendorf sowie Renate Mayntz (alle Jahrgang 1929), Erwin K. Scheuch, Rainer Lepsius (1928) und Niklas Luhmann (1927) als „die Soziologen der Bundesrepublik“ bezeichnet.[48]

Begünstigt durch einen Stellenausbau im universitären und außeruniversitären Bereich ab Mitte der Fünfzigerjahre, dem von Beginn der Sechzigerjahre an der massive Ausbau des Faches an den Hochschulen folgte, überlagerten die „Fünfundvierziger“ auch allmählich die NS-belasteten Jahrgänge. Diese hatten ihre wissenschaftlichen Karrieren zwischen 1933 und 1945 begonnen und in der Volks- und Kulturbodenforschung, in Bevölkerungswissenschaft, Raumforschung, Sozialanthropologie oder Rassenforschung teils äußerst erfolgreich vorangetrieben.[49] Entsprechend formierte sich die westdeutsche Nachkriegssoziologie zunächst in einem Spannungsfeld von Kontinuitäten und Neubeginn.[50] Zwei gemeinsame Orientierungen jedoch erlangten lager- und ansatzübergreifend entscheidende Bedeutung für den „Wiederaufbau“ des Faches: die Rückkehr der „Gesellschaft“ anstelle von „Volk“ und „Gemeinschaft“ sowie die Konzeption der Soziologie als „Gegenwartswissenschaft“, die sich nicht in diffusen oder spekulativen Zeitdiagnosen und raunenden Deutungen der Vergangenheit erschöpfte, sondern einen rationalen Zugang zur sozialen Wirklichkeit fand und „konkrete“ gesellschaftliche „Tatbestände“ erfasste.[51] Genau das versprach die empirische Sozialforschung, die sich in den Sechzigerjahren durchsetzte und zu einer der dominierenden Strömungen in der bundesrepublikanischen Soziologie wurde. Diese Entwicklung wurde von der Gründergeneration, ganz besonders von René König, angestoßen und gefördert und dann von den jungen Aufsteigern wie Dahrendorf, Scheuch und Mayntz vorangetrieben.

Der Historiker Dirk Moses hat die Soziologen in seiner Studie über die Bedeutung der „Fünfundvierziger“ (für ihn die Jahrgänge zwischen 1922 und 1932) für die Geschichte der Bundesrepublik in einem breiteren Zusammenhang von Intellektuellen und Politikern betrachtet. Wichtig ist, dass die Angehörigen dieser Intellektuellengeneration von Anfang an unterschiedliche Ansätze und Interpretationen entwickelten und ihre Konzeptionen für die bundesrepublikanische Gesellschaft und Demokratie miteinander konkurrierten. Doch alle, ob später links oder konservativ orientiert, ob im Krieg Soldaten oder Flakhelfer, seien 1945 mit derselben existentiellen Notlage konfrontiert gewesen: „the need to reflect on their cognitive map in view of the bankruptcy of the ideals they had been tought and the criminality of the regime in which they had been socialized“. Aus der gemeinsamen Erfahrung erwuchsen die Kernfrage, wie „1933“ möglich gewesen war, und die „Mission“, dass derartiges nicht wieder geschehen sollte.[52] Ihre Antwort auf die NS-Vergangenheit war nicht revolutionär ausgerichtet, sondern für die meisten stellte die Bundesrepublik ein Projekt der Konsolidierung und Reform dar. Auf die Utopien, die Forderungen und das Auftreten der 68er-Bewegung reagierten manche so auch nur anfänglich mit Sympathie, überwiegend dagegen ablehnend.[53]

Wie viele ihrer Generation suchten die jüngeren Soziologen in den Nachkriegsjahren nach alternativen geistigen Traditionen und stießen hier vor allem auf die Angebote der amerikanischen Soziologie und der empirischen Sozialforschung. Dass die empirische Sozialforschung bereits in der NS-Zeit in Deutschland betrieben worden war und viele ihrer Lehrer oder Vorgesetzten vor 1945 in Wissenschaft und Beratungspraxis aktiv gewesen waren, ist dabei bei nicht wenigen der jüngeren Generation eine Leerstelle geblieben, die sich in der innerfachlichen Geschichtsschreibung und Traditionsbildung lange gehalten hat.[54] Ebenso haben sich nur wenige wissenschaftlich mit der NS-Zeit beschäftigt oder an den öffentlichen Debatten zum Thema Vergangenheitsbewältigung oder Holocaust beteiligt.[55] Man könnte in dieser Leerstelle ein Indiz dafür sehen, dass der Neubeginn für viele Soziologen dieser Generation die Qualität der vielfach beschworenen „Stunde Null“ annahm. Die eigene Jugend stand unter dem Schatten des Nationalsozialismus, die deutsche Vergangenheit, so wie sie sie kannten, bot keine offensichtlichen Anschlussmöglichkeiten, Orientierungen und Identifikationsangebote. Sie lebten, anders als manche ihrer Lehrer, die in den Fünfzigerjahren noch die Kontroversen der Zwischenkriegszeit aufscheinen ließen oder wie Gehlen und Freyer den Ballast der „Konservativen Revolution" in ihren neuen Arbeiten mitschleppten, ganz in der Gegenwart. Fachlich waren sie unbelastet und offen für das, was nicht nach Ideologie oder nach Volksgemeinschaft roch, was „fortschrittlich" wirkte, „modern" und nicht rückwärtsgewandt. „Moderne Soziologie – das war amerikanische Soziologie, die ihren Ursprung in einer westlichen, zivilen und ‚lose gekoppelten' Gesellschaftsverfassung hatte."[56]

Empirische Sozialforschung in der frühen Bundesrepublik

Das Fulbright-Programm sowie die Rockefeller und die Ford Foundation ermöglichten Studenten und Nachwuchswissenschaftlern Aufenthalte an amerikanischen Universitäten, und viele der jungen westdeutschen Soziologen zog es in den Fünfzigerjahren in die USA.[57] Renate Mayntz absolvierte von 1948 bis 1950 ein B.A.-Studium am Wellesley College, 1958/59 ging sie als Rockefeller-Stipendiatin an die Columbia University New York, die University of Michigan Ann Arbor und die University of California Berkeley. 1959/60 folgte eine Gastprofessur an der Columbia University.[58] Auch Erwin K. Scheuch war 1958/59 Rockefeller-Stipendiat, Karl Martin Bolte besuchte 1957 mit einem Fulbright-Stipendium die University of Michigan, Rainer Lepsius ebenfalls im Fulbright-Programm 1955/56 die Columbia University. Heinz Hartmann erwarb 1953 den M.A. an der University of Chicago und promovierte 1958 in Princeton, Ralf Dahrendorf ließ auf einen Dr. phil. der Universität Hamburg den Ph.D. der *London School of Economics* folgen, 1957/58 war er Gast des *Center for Advanced Study in the Behavioral Sciences* an der Stanford University.[59] Für eine Internationalisierung und institutionelle Stärkung der empirischen Sozialforschung sorgte auch das Kölner UNESCO-Institut für Sozialwissenschaften, in dem von 1953 bis 1957 wiederum Renate Mayntz beschäftigt war.[60] Deutsche Traditionslinien empirischer Sozialforschung überwogen in der 1946 gegründeten und von der Rockefeller Foundation unterstützten Sozialforschungsstelle der Universität Münster in Dortmund, in der die einst von Wilhelm Brepohl geleitete Forschungsstelle für das Volkstum im Ruhrgebiet aufging. Neben Brepohl und Karl Heinz Pfeffer zählte hier (von 1951 bis 1961) Gunther Ipsen zu einem der Abteilungsleiter, 1960 übernahm Helmut Schelsky die Leitung des Instituts, dem auf den in den Fünfzigerjahren boomenden Feldern der Arbeits- und Industriesoziologie, namentlich mit den Arbeiten von Heinrich Popitz und Hans Paul Bahrdt, methodisch und inhaltlich innovative Studien gelangen.[61]

Die empirische Sozialforschung war, wie bereits angedeutet, für die aufstrebende Generation in der bundesrepublikanischen Soziologie attraktiv, weil sie modern, ideologiefrei und demokratisch erschien. Volker Kruse ist so weit gegangen, die empirische Soziologie der Nachkriegszeit als „geistige Bewegung und Weltanschauungsersatz“ zu bezeichnen.[62] Die soziale Wirklichkeit sollte nicht durch spekulative Deutung, sondern durch klar operationalisierbare Konzepte und quantitative Vermessung erschlossen werden. Die empirische Forschung würde eine unvoreingenommene Erkenntnis über die Gesellschaft hervorbringen, und auf der Basis der Empirie würde es möglich sein, eine fundierte Theorie der Gesellschaft zu entwickeln. Darüber hinaus würde die empirische sozialwissenschaftliche Forschung pragmatische Lösungen für politische und gesellschaftliche Probleme erarbeiten und dadurch zielgenaue Intervention und Steuerung ermöglichen. Denn die Sozialwissenschaften konnten und mussten – ganz im Sinne von Talcott Parsons intellektuellem Beitrag zum europäischen Wiederaufbau nach 1945 – die moderne und demokratische Gesellschaft stützen, sie begleiten, sie verbessern, ihren Fortschritt planen und sie vor Gefahren bewahren.[63] In der empirischen Sozialforschung waren das wissenschaftliche und das gesellschaftspolitische Projekt einer Modernisierung durch Professionalisierung und Verwissenschaftlichung eng miteinander verknüpft. Neben der Überzeugung, gesellschaftliche Belange mit Hilfe naturwissenschaftlich exakter Empirie durchdringen und transparent machen zu können, stand der keineswegs neue Glaube an die politische

Gestaltbarkeit gesellschaftlicher Prozesse.[64] Dies kulminierte in den Sechzigerjahren in der oben erwähnten Allianz von Sozialwissenschaften und Politik sowie in der Konjunktur politischer Planung und keynesianisch inspirierter Globalsteuerung.

Modernisierung und Reformpolitik

Mit den Modernisierungs- und Reformprojekten im Bildungs- und Wissenschaftssektor, in Städtebau-, Raumordnungs- und Verkehrspolitik, im staatlichen und kommunalen Verwaltungsapparat verband sich die Expansion des Wohlfahrtsstaates und eine Ausweitung staatlicher Steuerung und Interventionen, die erhebliche Investitionen und finanzielle Ressourcen erforderte. Das wirtschaftliche Wachstum und der zunehmende gesellschaftliche Wohlstand hatten seit Mitte der Fünfzigerjahre Fortschrittsglauben und Optimismus genährt, in den Sozialwissenschaften dominierten Selbstsicherheit und Gewissheit über ihre Errungenschaften in der Analyse sozialer Regel- und Gesetzmäßigkeiten. Das methodische Instrumentarium schien langfristige, stabile Prognosen möglich zu machen und die gesellschaftliche Entwicklung die zugrunde gelegten Modernisierungstheorien und linearen Evolutionskonzepte zu bestätigen.[65] Die erste Ölpreiskrise von 1973 beendete den exzeptionellen Boom der Nachkriegszeit, die gesamtwirtschaftlichen Rahmenbedingungen änderten sich schlagartig und zeigten, dass stetiges ökonomisches Wachstum nicht planbar und Krisen nicht vermeidbar waren, vor allem, wenn sie globale Dimensionen annahmen und überraschend eintraten. Die wirtschaftswissenschaftlichen Prognosesysteme etwa, die der mittelfristigen Finanzplanung, dem Jahreswirtschaftsbericht oder den Gutachten des Sachverständigenrates zur Beurteilung der gesamtwirtschaftlichen Entwicklung zugrunde lagen, hatten weder die Krise noch ihre Folgen voraussagen können. 1974 und 1975 musste der Sachverständigenrat laufend seine Daten korrigieren, und die beteiligten Wissenschaftler sahen sich erheblicher Kritik ausgesetzt.[66] Mit den vielfach ernüchternden „Verwendungserfahrungen“ in der wissenschaftlichen Politikberatung sowie dem wirtschaftlichen und gesellschaftlichen Wandel der Siebzigerjahre gerieten alte Überzeugungen und Sicherheiten mitunter stark ins

Wanken. Allenthalben war nun von unvorhersehbaren Entwicklungen, unintendierten Nebenfolgen, zunehmenden Interdependenzen und Verflechtungen sowie wachsender Komplexität die Rede, die nicht nur Planung und Steuerung erschwerten, sondern vor allem gesichertes Wissen über die gesellschaftliche und ökonomische Entwicklung in Frage stellten. Waren die Sozialwissenschaften überhaupt in der Lage, fragte so also Burkart Lutz 1982, einen gesamtgesellschaftlichen Wandel, der möglicherweise in einer schweren Strukturkrise oder gar in einer „Katastrophe" münden konnte, zu erkennen, geschweige denn, seine Folgen vorhersagen und damit vermeiden zu können?

Kritik und Zweifel im gesellschaftlichen Wandel

Neben Lutz, von 1983 bis 1986 Vorsitzender der DGS, reflektierten zahlreiche weitere Soziologen in den Jahren nach dem Boom über die Defizite und Möglichkeiten des eigenen Faches. Dabei ging es nicht allein um die Verwendungserfahrungen und die Frage, ob und wie man den sozialen und kulturellen Wandel adäquat erfassen, beschreiben und analysieren konnte. Außerdem standen das Verhältnis zwischen Wissenschaft und Praxis zur Diskussion sowie die Rückwirkungen, die die Diffusion soziologischer Begrifflichkeiten und Kategorien, die „Soziologisierung" gesellschaftlicher Debatten und die Verwissenschaftlichung der Politik im Gefolge der Expansion auf die Soziologie und ihre wissenschaftlichen Selbstverständnisse zeitigten. Für einen mangelnden Einfluss auf politische Entscheidungen, von dem nun vielerorten die Rede war, wurden neben überhöhten Ansprüchen sowohl ein Empirie- als auch ein Theoriedefizit verantwortlich gemacht. Im Grunde sei es noch nicht gelungen, meinte Rainer Lepsius 1976, die Soziologie als empirische Wissenschaft zur systematischen Dauerbeobachtung gesellschaftlicher Prozesse angemessen zu institutionalisieren.[67] Die Mehrheit der politischen Entscheidungen werde heute wie eh und je ohne soziologische „Tatbestandsanalysen" und Prognosen getroffen – hierüber dürfe das Einrücken von Sozialwissenschaftlern in politische Entscheidungsgremien nicht hinwegtäuschen.[68]

Eine Enquete der DGS konstatierte 1974 eine grundlegende Schwäche wissenschaftlich verfasster Sozialforschung, deren Ergebnisse trotz „beachtlicher" personeller und finanzieller Ressourcen sowie technischer Infrastruktur weithin als unbefriedigend oder gar defizitär empfunden würden. Die Sozialwissenschaften seien nur sehr begrenzt in der Lage, aktiv zur Definition des gesellschaftlichen Forschungsbedarfs und zur Lösung aktueller gesellschaftlicher Probleme beizutragen. Dieser Bedarf werde vielmehr von den expandierenden nutzungsorientierten Einrichtungen, das heißt von den Markt- und Meinungsforschungsinstituten, verbands- und unternehmenseigenen Forschungs- und Planungsinstituten sowie in der öffentlichen Verwaltung gedeckt.[69] Diese Entwicklung barg dann folgende Gefahren: Erstens eine methodische, thematische und konzeptionelle „Innovationsminderung" in einer auf Effizienz und Rentabilität gepolten nutzungsorientierten Forschung. Dadurch könne zweitens der Prozess der Problemdefinition im politisch-administrativen Bereich nochmals verlangsamt oder sogar blockiert werden. Drittens führte eine zunehmend nachfrageorientierte Forschung, bei der die Mittelvergabe mit bestimmten Erwartungen und Auflagen verbunden war, möglicherweise dazu, dass Forschung mehr und mehr als Geschäft betrachtet würde, und dies sei dem wissenschaftlichen Fortschritt „eher abträglich". Viertens schließlich hielt man eine Spaltung der Sozialwissenschaft für möglich: in „bloß praxeologisch orientierte Empirie" und „literarisch-spekulativ orientierte Wissenschaft".[70]

Auch der Kölner Soziologe Friedhelm Neidhardt registrierte Mitte der Siebzigerjahre einen Bedeutungszuwachs „außerwissenschaftlicher Relevanzkriterien" in den wissenschaftlichen Diskussionen der Soziologie. Darüber hinaus sei es besonders an den Hochschulen zu einer Überflutung mit Fragen, Themen, Perspektiven und Programmen sowie mit Studenten gekommen.[71] Gerade die Hochschulen besaßen keine ausreichenden Kapazitäten und Möglichkeiten für eine systematische sowie kontinuierliche empirische Forschung und schienen auch deshalb für anwendungsbezogene Projektforschungen strukturell nicht geeignet.[72] Wie in der Enquete der DGS kam in diesem

Befund zum Ausdruck, dass die universitäre und außeruniversitäre Wissenschaft das Feld der anwendungsorientierten und empirischen Forschung nicht den „außerwissenschaftlichen“ Einrichtungen überlassen durfte, da diese im kommerziell geprägten Bereich „keiner wissenschaftlichen Kontrolle“ mehr unterliege.[73] Entsprechend wurde die Arbeit des öffentlich finanzierten Wissenschaftszentrums Berlin (WZB) begrüßt, das ab 1973 auf eine anwendungsbezogene und politiknahe Sozialforschung ausgerichtet wurde (mit den Schwerpunkten Arbeitsmarkt-, Umwelt-, Wirtschafts- und Strukturpolitik sowie vergleichende Gesellschaftsforschung) und an dem mit Fritz Scharpf von 1973 bis 1986 einer der bekanntesten Köpfe der sozialwissenschaftlichen Policy-Forschung und der westdeutschen Beratungselite aktiv war.[74]

Gleichwohl blieb es mit Claus Offe eines der Probleme der Policy- und Planungsforschung, dass sie ihre Analyse und damit ihre Perspektive auf die Probleme beschränkte, die mit den vorgegebenen staatlich-administrativen Steuerungskapazitäten korrespondierten. Die beratenden Sozialwissenschaften stellten damit ihre Themenwahl und ihre Empfehlungen auf die Aktionsfelder der Politik ein, wodurch ein „pragmatischer Selektionsdruck“ entstehe.[75] Gerade hier lagen dann aber auch wiederum die Chancen der Beratungswissenschaft: Je beschränkter die Handlungsmöglichkeiten des politischen Systems erschienen, desto mehr bestand Anlass, die Sozialwissenschaften an der Lösung dieses Problems zu beteiligen.[76] Folgt man Niklas Luhmann, waren es nicht zuletzt die Wissenschaftler selbst, die einen Überhang von Problemen erst *erzeugten*. „Problemhorizonte werden aufgerissen, die mit jedem Schritt weiterer Analyse neue Konturen gewinnen. Neue Aufgaben und Ausschüsse, Soziowucherungen der verschiedensten Art, Komplexitäts- und Defizitbewußtsein“, prophezeite er 1977, würden die Folge sein.[77] Im Umfeld der Unregierbarkeitsdebatte trat die Logik, dass mehr Probleme mehr wissenschaftliche Forschung erforderten und dadurch eine bessere politische Lösung ermöglichen würden, ganz besonders zu Tage. Dem Problem der Steuerungsfähigkeit und steigender Ansprüche an den Staat konnte man von zwei Seiten begegnen. Man konnte versuchen, die gesellschaftlichen

Ansprüche zu senken und die Steuerung im Zuge von Privatisierung oder Deregulierung vom Staat stärker auf den Markt verlagern. Oder man konnte die staatliche Steuerungsfähigkeit durch optimierte administrative Techniken steigern. Ging man davon aus, dass politische Steuerung unabdingbar war, musste man die Gründe für die diagnostizierten „Vollzugsdefizite" und „Wirkungsmängel" staatlicher Planungs- und Steuerungsvorhaben untersuchen. Damit beschäftigte sich ungefähr ab Mitte der Siebzigerjahre die Implementationsforschung, die in der Bundesrepublik maßgeblich von Renate Mayntz etabliert worden ist.

Gesellschaftlicher und technologischer Wandel stellten für Mayntz in einer dynamischen, sozial und funktionell differenzierten Gesellschaft wie der der Bundesrepublik immer neue Anforderungen an Politik und Verwaltung. Entsprechend verlangten Steuerung und Planung mehr theoretisch begründetes Wissen und Sachverstand. Eine aktive politische Steuerung der gesellschaftlichen Entwicklung war notwendig, um krisenhafte Entwicklungen vorausschauend zu vermeiden (und nicht erst nachträglich zu korrigieren), um kollektive Bedürfnisse zu befriedigen (die der Markt nicht befriedigen konnte, wie etwa eine lebenswürdige Umwelt) und um negative Wirkungen sowie soziale Folgekosten (beispielsweise Luftverschmutzung als Folge wirtschaftlichen Wachstums) zu verringern.[78] Diese Aufgabe fiel dem „politischen Aktivsystem" oder dem „Staat" als „ausdifferenziertem politischen Steuerungszentrum der Gesellschaft" zu.[79] Das politische System müsse die gesellschaftlichen und wirtschaftlichen Prozesse steuern, deren *ungesteuerte* Dynamik Probleme und Krisen für das Gesamtsystem hervorbringe. Die Diskrepanz zwischen der gesellschaftlichen Erzeugung von Problemen und Krisen einerseits und der politischen Problemverarbeitung andererseits, davon zeigten sich Mayntz und Fritz Scharpf 1973 überzeugt, durfte eine bestimmte Grenze nicht überschreiten. „Jenseits einer solchen Grenze, die zwar nicht generell und präzise bestimmt werden kann, von der wir aber aus Erfahrung wissen, daß sie existiert, muß die Kumulation unbewältigter Folgeprobleme und sektoraler Krisen zu einer generellen Systemkrise werden."[80] Der Krisendiskurs der Siebzigerjahre erfasste auch die gern als technokratisch gescholtene Policy-Forschung. Mayntz sprach sogar vom „erfolgreichen Überleben unserer Gesellschaft“, das von den Möglichkeiten aktiver Steuerung abhing.[81] In dieser Haltung kann man durchaus ein politisches Bekenntnis sehen, das in Opposition zur revolutionären und „antifaschistischen“ Rhetorik der 68er-Bewegung sowie der Neuen Linken stand und vor dem Hintergrund der kollektiven Diktatur- und Kriegserfahrung der erwähnten Fünfundvierziger-Generation zu sehen ist. Die Bundesrepublik verkörperte in dieser Perspektive nichts anderes als die gleichwohl immer noch verbesserungsfähige, aber bislang beste aller möglichen deutschen Gesellschaften seit dem Kaiserreich.

Die Diskrepanz zwischen „Problemerzeugung“ und „Problemlösungskapazitäten“ schien Mitte der Siebzigerjahre allerdings immer weiter zu wachsen. Zum einen, so sahen es Mayntz und Scharpf, traten infolge des ausbleibenden Wirtschaftswachstums tatsächlich neue Probleme auf, wie Stagflation, strukturelle Arbeitslosigkeit, verschärfter Wettbewerb und Auseinandersetzungen in der Wirtschaft oder politische Unruhe. Hinzu kamen eine höhere Sensibilität, eine geschärfte Wahrnehmung von „Problemen“ – für beide nicht zuletzt Folge eines höheren Bildungsniveaus, wissenschaftlichen Fortschritts und moderner Massenkommunikation – sowie gestiegene – und damit auch leichter zu enttäuschende – Erwartungen an die Fähigkeit der Politik, Probleme zu lösen.[82] So wies die in diesem Fall als „postindustriell“ bezeichnete moderne Gesellschaft eine Reihe „problemerzeugender Charakteristiken“ auf. Dazu zählten Mayntz und Scharpf einen hohen Differenzierungsgrad spezialisierter Strukturen und Prozesse im sozioökonomischen System sowie zahlreiche funktionale Wechselbeziehungen zwischen den diversen Sektoren. Außerdem eine hohe Geschwindigkeit technologischen, wirtschaftlichen, kulturellen und sozialen Wandels sowie das verbreitete Bewusstsein, dass die Wandlungsprozesse bald einen kritischen Punkt erreichen könnten, markiert durch die Erschöpfung der natürlichen Ressourcen, die Zerstörung des ökologischen und sozialen Gleichgewichts sowie die Grenzen menschlicher „Frustrations- und Unsicherheitstoleranz“.[83] Die Anforderungen an das politische System und seine Steuerungskapazitäten waren immens – und die Probleme ausgesprochen komplex für eine langfristige, umfassende, aktive Politik, deren Grenzen und „Restriktionen" sich allmählich offenbarten.[84]

Die Herausforderung indes blieb, diese Restriktionen zu überwinden und optimierte steuerungstechnische Lösungen zu finden. Dazu beschäftigte sich Mayntz vor allem mit den Bedingungen der Implementation im politischen Prozess, das heißt: mit dem Problem der Durchführung und Anwendung der Gesetze und Handlungsprogramme, die aus der Programmentwicklung hervorgingen.[85] An der Programmentwicklung war sie selbst in diversen Planungs- und Beratungsgremien beteiligt gewesen und hatte vielfach erfahren können, dass es ein weiter und steiniger Weg zur erfolgreichen Implementation wissenschaftlicher Empfehlungen war.[86] Die Motivation für die Implementationsforschung benannte sie Anfang der Achtzigerjahre in einem Forschungsbericht. „Als Auslöser wirkte offenbar das enttäuschende Erlebnis des Scheiterns von Reformprogrammen in der Phase des Vollzugs. Die Suche nach den Ursachen für mangelnden Programmerfolg und die damit verbundene Notwendigkeit, Programmwirkungen erst einmal empirisch zu erfassen, haben in den 70er Jahren zu einer Konjunktur für Implementationsstudien und Wirkungsanalysen geführt."[87] Etwas verklausuliert suchte sie die Implementationsforschung vom Vorwurf des politisch reaktionären Systemerhalts zu distanzieren. Das wissenschaftliche Interesse am Implementationsprozess – als wesentliche Voraussetzung für den Erfolg oder Misserfolg politischer Programme – könne zu der Unterstellung verleiten, dass das Erreichen der politischen Programme an sich ein positiver Wert sei. „Im Lichte anderer Werte" sei aber die Verwirklichung von Programmzielen nicht notwendigerweise positiv zu beurteilen. Deshalb könne es durchaus „positiv" sein, wenn der Schaden einer verfehlten Politik durch Vollzugsdefizite verringert werde.[88] Es war ihr somit wichtig klarzustellen, dass die wissenschaftliche Analyse nicht im Sinne einer unkritischen und affirmativen Haltung gegenüber der verfolgten Politik zu verstehen war.

Mit einigem Unbehagen stellte Mayntz 1981 fest, dass sich unter Politikern deutlichere „wertrationale" Orientierungen auszubreiten schienen, politische Entscheidungen als Ausdruck bestimmter Überzeugungen verstanden würden und die Parteipolitik wieder ideologischer geworden sei.[89] Damals besonders aus den USA zu vernehmende neoliberale Argumentationen, die etwa die ökonomische Effizienz regulativer Politik in Frage stellten, stießen bei Mayntz auf wenig Gegenliebe. „Zur Abhilfe empfehlen die Kritiker, wenn sie nicht jede Form staatlicher Intervention zugunsten der Regelung über Marktmechanismen ablehnen, die Wahl eher marktkonformer Instrumente wie insbesondere finanzieller Transfers und negativer wie positiver Anreize anstelle regulativer Normen.“ Man müsse nun aber untersuchen, ob die bemängelten Defizite zwangsläufig mit dem Instrument regulativer Politik verbunden seien oder ob sie nicht vielmehr durch prinzipiell vermeidbare Fehler bei der konkreten Ausgestaltung und Anwendung hervorgerufen würden.[90]

Namentlich Friedrich Tenbrucks viel beachtete Rede von den „unbewältigten Sozialwissenschaften“ brachte die Skepsis gegenüber einer solchen Logik zum Ausdruck, die für ihn Ende der Siebzigerjahre einer mittlerweile überholten Fortschritts- und Wissenschaftsgläubigkeit folgte. Unaufhaltsam hätten sich die Sozialwissenschaften innerhalb weniger Jahrzehnte in unser Leben gedrängt und von der Schule über die Universität, Theater, Kultur und Medien, über Politik und Verwaltung bis in den Beruf, Alltag und Kirche nahezu alle Bereiche verändert. Auf diese „Lebensmacht“ seien wir nicht vorbereitet gewesen, und es sei nicht gelungen, diesen Vorgang geistig zu „bewältigen“.[91] Der Aufstieg der Sozialwissenschaften seit der Jahrhundertwende habe sich dem Versprechen verdankt, die sozialen Folgen technischen Fortschritts – das heißt die sozialen Folgen der Nutzung naturwissenschaftlicher Erkenntnisse – aufzufangen und Probleme zu lösen, die von den Naturwissenschaften nicht gelöst werden konnten, die „typischen Probleme der modernen Gesellschaft“. Dies folgte dem Grundsatz herkömmlicher Weisheit: „Mehr Probleme verlangen mehr Wissenschaft.“[92] So expandierten die Sozialwissenschaften in die Siebzigerjahre hinein, bis die „von einer Expertokratie abhängige bürokratisierte Betreuungsgesellschaft“ entstand, und nicht nur die Welt habe sich verändert, sondern auch wie wir sie sehen und erleben, unsere gesamten Wissensbestände seien „soziologisiert".[93] Heute aber sei der Glaube an die Wissenschaft angesichts von Atomwaffen, Naturzerstörung und Energieproblemen erschüttert. Mehr Wissenschaft bringe nicht automatisch mehr Licht, mehr Wissenschaft bedeute nicht automatisch mehr Fortschritt.[94]

Nach dem Boom wurden die Folgen der Verwissenschaftlichung thematisiert und selbst zum Gegenstand wissenschaftlicher Analyse. Noch recht einfach war es, eine allgemein grassierende „Soziologitis" zu beklagen.[95] Zugleich litten besonders die empirischen Soziologen der Fünfundvierziger-Generation darunter, dass die Soziologie seit den Studentenunruhen um 1968 in einer breiteren Öffentlichkeit mit der Frankfurter Schule und der Protestbewegung identifiziert wurde und dadurch als links und ideologisch galt. Dieses Image, das sich in der Person des MPI-Direktors Jürgen Habermas nur allzu deutlich manifestierte, belastete die Diskussionen um die Zukunft des Starnberger Max-Planck-Instituts zur Erforschung der Lebensbedingungen der wissenschaftlich-technischen Welt maßgeblich. Darüber hinaus waren es wiederum die empirisch orientierten Modernisierer der Nachkriegssoziologie und die Vertreter der Policy-Forschung, die sich von linker Seite den Vorwurf anhören mussten, systemstabilisierend und damit politisch konservativ bis reaktionär zu arbeiten.[96] Dies traf besonders diejenigen, die sich wie Renate Mayntz als progressive Demokraten verstanden, erhielt aber andererseits seine Berechtigung mit der (neo)konservativen Renaissance in den Jahren der Tendenzwende, als sich zahlreiche ehemals „liberale", sozialdemokratisch orientierte Wissenschaftler und Intellektuelle insbesondere der besagten Generation öffentlich in politischer Opposition zur Neuen Linken formierten.[97] Laut Volker Kruse haben sich gleichzeitig viele Vertreter der empirischen Soziologie zunehmend unpolitisch und defensiv aufgestellt, sich von den gesellschaftspolitischen Visionen der Fünfziger- und Sechzigerjahre abgewandt und auf eine Position strenger Wissenschaftlichkeit zurückgezogen.[98] Dies darf allerdings nicht, und das illustrierte besonders die Implementationsforschung, als resignierter Rückzug aus der politiknahen Forschung verstanden werden. Vielmehr zeichnete sich ab Mitte der Siebzigerjahre ein anderes Interaktionsmodell von Sozialwissenschaften und Politik ab, in dem sich die empirische Sozialforschung „selektiv und segmentiert“ auf die Beschaffung von Basisdaten sowie auf die Analyse von Problemkonstellationen in spezifischen Politikfeldern konzentrierte.[99]

Das Bild der Soziologie in der Öffentlichkeit sah man damals ebenfalls durch Defizite geprägt, die sich in der praktischen Verwendung sozialwissenschaftlicher Ergebnisse offenbart hatten und diese nun vielfach trivial oder gar irrelevant erschienen ließen.[100] Ihr Aufklärungsversprechen habe die Soziologie nicht einlösen und ihren „Rationalitätsvorsprung“ in der Praxis nicht nachweisen können. Dies und eine „Veralltäglichung“ ihrer Ergebnisse auf dem Markt öffentlicher Diskurse hätten nicht nur zu einem Legitimationsproblem für die Sozialwissenschaften geführt, sondern ebenfalls zu einem Verlust gesellschaftlicher Definitionsmacht.[101] Wie man darauf reagieren sollte, darüber schieden sich die Geister. „Hinaus aus dem Elfenbeinturm und zurück in den Elfenbeinturm, so lauten die Kommandos.“[102] In den Rufen nach mehr Empirie und weniger Politik, besserer Einstellung auf die Praxis oder Stärkung der nicht kommerziellen Forschung ging es auch um die Identität und das Ansehen der Soziologie als Wissenschaft, wie etwa Joachim Matthes zeigte, der von 1979 bis 1982 den Vorsitz der DGS innehatte und mit Rainer Lepsius der Findungskommission der MPG angehörte, die zwischen 1981 und 1984 an der Konzeption eines sozialwissenschaftlichen Max-Planck-Instituts arbeitete. Wie Matthes auf dem 20. Deutschen Soziologentag 1980 in Bremen darlegte, hieß es jetzt, für die Seriosität der Soziologie und gegen die Folgen ihrer Verballhornung und Instrumentalisierung sowie ihrer „Überdehnung“ und ihres „Ausuferns“ in anderen Disziplinen wie im öffentlichen Bewusstsein zu kämpfen. „Es ist ja wohl ein Stück unserer Erfahrung, daß wir oft genug mit einigem Erschrecken jener Sprache der Bildungs- und Wissenschaftspolitiker, der Sozialpolitiker und Journalisten lauschen, in der uns die Handlungsprobleme unserer Zeit im Kleid unserer eigenen Begrifflichkeit dargeboten werden – nur daß dieses Kleid in einem Maße verschnitten ist, daß wir nicht mehr zu erkennen vermögen, was eigentlich in ihm steckt.“[103]

Wie Burkart Lutz, der die Spezialisierung der soziologischen Subdisziplinen mit dafür verantwortlich machte, dass eine gesamtgesellschaftliche Strukturkrise sich der Wahrnehmung des Faches entziehen konnte, kritisierte Matthes die Differenzierung der Soziologie, mit der für ihn ein Verlust des „kritischen Potentials" einherging. Claims und Domänen würden abgesteckt, man neige zu Zirkel- und Sektenbildung und dokumentiere den jeweiligen internen Konsens. Die breite Forschungspraxis des Faches werde dagegen weder sichtbar noch kontinuierlich derart dokumentiert, dass sie fachinterner, ganz zu schweigen öffentlicher Aneignung und Kritik zugänglich würde. So seien Kritikfähigkeit und Kritikbereitschaft mangelhaft – gemessen vor allem am Selbstverständnis der Kollegen, die sich als „kritische" Sozialwissenschaftler verstünden.[104] Die eingeforderte Selbstkritik sollte aber letzten Endes der Geschlossenheit der Profession dienen. Man müsse sicherstellen, dass die innere Kritik sich entfalten könne, „um der epochalen Übersteigerung solcher Kritik, die notwendig eintritt, wenn sie auswandert oder zur Auswanderung gezwungen wird, zu wehren, und um solche Kritiker wieder in den Zusammenhang der Profession hineinnehmen zu können".[105] Dies war zuerst auf Friedrich Tenbruck gemünzt, dessen These von den „unbewältigten Sozialwissenschaften" seit 1979 durch die Feuilletons geisterte und die im Umfeld der Starnberger Schließungsdiskussionen auch der Verwaltungsrat der MPG aufgriff.[106] Zweitens war damit Helmut Schelsky angesprochen, der 1981 praktisch seinen Austritt aus der Soziologie erklärte.[107]

Die „Soziologisierung" öffentlicher Debatten, die Karriere soziologischer Begrifflichkeiten sowie die Verwendung sozialwissenschaftlichen Beratungs- oder „Expertenwissens" in der politischen Praxis – die Tenbrucksche „Lebensmacht" der Sozialwissenschaften – führten gleichwohl nicht allein zu einer „Verballhornung" oder „Trivialisierung" soziologischer Forschungsergebnisse. Zugleich offenbarten sich schwerwiegende Folgen für die Möglichkeiten sozialwissenschaftlicher Erkenntnis und gesicherten Wissens.

Die Relativierung sozialwissenschaftlichen Wissens

Der Erlanger Soziologe Joachim Matthes zählte Anfang der Achtzigerjahre zu den entschiedensten Kritikern unter den Etablierten des Faches und wurde bald zu einem der Vordenker des „cultural turn" in der westdeutschen Sozialwissenschaft. Für ihn hatte sich die Soziologie über Jahrzehnte in einer „eintrainierten Selbstüberschätzung" ihrer Möglichkeiten geübt, die es ihr jetzt schwer machte, ihre Grenzen wahrzunehmen und daraus die nötigen Konsequenzen zu ziehen.[108] Im Mittelpunkt stand für ihn die Frage nach dem Verhältnis der Wissenschaft und ihrer Bezugswelt, das es neu zu reflektieren galt. In den Ruf nach mehr empirischer Forschung allein gemäß den herkömmlichen Methoden, um einen besseren Zugang zur gesellschaftlichen „Wirklichkeit" zu erhalten, stimmte er nicht ein, im Gegenteil. Zuerst war es die Soziologisierung des Denkens und Wahrnehmens in der Bevölkerung selbst, die die Wissenschaft vor neue Herausforderungen stellte. Die Informanten und Probanden würden heute selbst in der soziologischen „Indikatorensprache" antworten und die „Erfahrung ihrer gesellschaftlichen Existenz" in objektivierten Kategorien ausdrücken. Die Frage sei dann nicht nur, wie die Soziologen durch den von ihnen selbst erzeugten „Schleier der indikatorischen Wirklichkeitserfahrung" hindurchstoßen könnten – sie müssten vielmehr untersuchen, wie die sozialwissenschaftlich induzierten Regelungen in der gesellschaftlichen Wirklichkeit wirken würden.[109] Das Reflexions- und Theorieniveau, das die Profession in dieser Hinsicht in Deutschland bis dahin erreicht hatte, hielt Matthes für ausgesprochen niedrig. Über den grundlagentheoretischen Kontroversen der Sechzigerjahre habe sich eine Lücke zwischen Erklärungs- und Beschreibungswissen gebildet, ethnographisches und soziographisches Wissen seien kaum gefragt gewesen, und so habe auch die Rezeptionsfähigkeit in der Bezugswelt gelitten. Außerdem habe man die eigenen Forschungsgegenstände zu sehr verdinglicht.[110]

Die abnehmende gesellschaftliche Relevanz der Soziologie, über die die Soziologen klagten und die sie in der Öffentlichkeit wahrnahmen, hatte für Matthes im Wesentlichen damit zu tun, dass die soziologische Forschung quasi an der Gesellschaft vorbeiging. Seine Antwort wie auch vor allem die jüngerer Fachvertreter war eine Absage an die bisherigen Zugänge und theoretischen Vorannahmen, die er als „rationalistisches Selbstverständnis" umschrieb. Parallel zum Prozess gesellschaftlicher Rationalisierung habe sich eine „rationalistische" Soziologie etabliert, deren Wirklichkeitsverständnis Matthes als Fiktion bezeichnete.[111] Diese Soziologie *konstruierte* mit ihren Begriffen, Theorien, Denk- und Handlungsmodellen „partikular beobachtbare Wirklichkeit" und erhielt damit selbst wirklichkeitsstiftende Kraft.[112] Im Prinzip ging es Matthes um eine recht radikale Erneuerung der westdeutschen Sozialforschung: einen „Bruch mit der irrigen Annahme", die rationalistische Betrachtungsweise garantiere den Zugang zu den gesellschaftlichen Verhältnissen, um eine „epistemologische Revision", die mit Hilfe der Sozial- und Kulturanthropologie mit den alten Grundannahmen aufräumen sollte.[113] Man müsse zuerst über die Vorgänge des Beobachtens und Verstehens reflektieren, indem man frage: Was wird unter welchen Bedingungen für wirklich gehalten, zum einen vom Beobachter, zum anderen von den gesellschaftlichen Subjekten. Sodann galt es die Begriffe, Aussagen und Kategorien soziologischer Beschreibung zu reflektieren und wie sich diese Beschreibung zur Beschreibung der gesellschaftlichen Subjekte untereinander verhalte.[114] Dabei berief sich Matthes auf Clifford Geertz' Konzept der „thick description" sowie mit Harold Garfinkel, Erwing Goffman, Barney Glaser und Anselm Strauss sowie Aaron Cicourel auf anglo-amerikanische Sozial- und Kulturanthropologen, die bis dahin in Deutschland kaum zur Kenntnis genommen worden seien. Entsprechend war Matthes' Konzeption für ein „Max-Planck-Institut für kulturvergleichende Forschung" inspiriert, worum es im nächsten Kapitel noch gehen wird.[115]

Konzentrierte sich Matthes letztlich auf eine innerwissenschaftliche methodologische und erkenntnistheoretische Ebene, verknüpfte eine Reihe anderer Sozialwissenschaftler die innerfachlichen wesentlich stärker mit gesamtgesellschaftlichen Entwicklungen und reflektierte die Rückwirkungen, die die Soziologisierung der Öffentlichkeit und die Karriere nicht allein sozialwissenschaftlichen Expertenwissens in der politischen Praxis seit den späten Sechzigerjahren auf den Stellenwert wissenschaftlichen Wissens in der Gesellschaft entfaltet hatten. Unter dem Strich registrierte man damals eine besorgniserregende Relativierung von Expertenwissen, für die mehrere Symptome und Ursachen ausgemacht wurden. Neben den oben erwähnten Prognoseproblemen waren dies vor allem die „Politisierung“ der Wissenschaft und der Aufstieg von „Gegenexperten“.[116]

Der Bielefelder Wissenschaftssoziologe Peter Weingart sprach 1983 von einer Legitimationskrise der Wissenschaft, in der die „normalen“ strukturellen Konflikte, die das Verhältnis zwischen der *modernen* Wissenschaft und Gesellschaft seit eh und je geprägt hätten, eine qualitativ neue Form angenommen hätten. Etwa Mitte der Siebzigerjahre sei das „vormals fraglose Vertrauen“ der Öffentlichkeit einer ambivalenteren Haltung gewichen, in der Skepsis und Angst vor den potentiell gefährlichen Folgen wissenschaftlicher und technologischer Entwicklungen – Stichwort Kernkraft, Umwelt, Genforschung – ihren festen Platz hätten.[117] Im Widerstand von Demonstranten und Bürgerinitiativen gegen öffentliche Planungsprojekte – die mit wissenschaftlicher Expertise legitimiert wurden – fanden Misstrauen gegenüber wissenschaftlichen Fortschrittsversprechen, Aufbegehren gegen Autoritäten und Bevormundung durch Staat und Bürokratie sowie Partizipationsforderungen ihren Ausdruck. Gegen wissenschaftliche Argumentationen der Offiziellen setzten die diversen Bewegungen und Interessengruppen nun ihrerseits wissenschaftlichen Sachverstand und mobilisierten eigene Experten, um ihre Forderungen und politischen Ziele zu untermauern.[118] Diese Art der Politisierung schien aber weniger schwer zu wiegen als das Problem, dass die Auseinandersetzungen zwischen Experten und Gegenexperten nicht mehr innerhalb der geschlossenen Sphäre der Profession, sondern in der Öffentlichkeit ausgetragen wurden. Je mehr abweichende Meinungen dann zu Tage traten, desto unglaubhafter wurden die „wissenschaftlichen“ Argumente der Experten. „Im Endergebnis erscheint die Wissenschaft weniger denn je als eine von persönlichen und sozialen Einstellungen bereinigte Wahrheit oder Annäherung an die Wahrheit; mehr denn je erscheint sie als ein Angebot von Darstellungen und Erklärungen, die zwischen den Wissenschaftlern ausgehandelt wurden und je nach Veränderung der relativen Stellung der Parteien zueinander und ihrer unberechenbaren Wirkung aufeinander heute anders ausfallen können als gestern oder morgen."[119] Die klassische Erwartung – die Erwartung, die noch die Jahre der Planungseuphorie gekennzeichnet hatte –, Experten könnten gegenüber einem offenen Problem auf der Grundlage fachlichen Wissens eine verbindliche Aussage und damit einen praktischen Beitrag zur Lösung dieses Problems entwickeln, wurde damit immer weiter enttäuscht.[120] Eng verkoppelt mit der gewachsenen Fortschrittsskepsis hatte wissenschaftliches Wissen an Exklusivität und der Experte an Autorität verloren.[121]

Eine weitere Dimension der Politisierung ergab sich für eine Wissenschaft, die ihre „institutionellen Grenzen" mehr und mehr ausgeweitet hatte, die kein „autonomes System" war, die ihre Gegenstände, Erkenntnisse und Methoden nicht aus sich selbst hervorbrachte und damit nicht allein, ungeachtet moralischer, ethischer oder wertbestimmter Grenzen, der „Wahrheit" oder der „Aufklärung" verpflichtet war.[122] Gerade in der wissenschaftlichen Politikberatung offenbarte sich eine „Entdifferenzierung" von Wissenschaft und Politik. Diese werde „an der offenen Verwendung der betreffenden Wissenschaften für politische Legitimationszwecke ebenso augenfällig [...] wie an der Transponierung politischer Konflikte auf der Ebene der Rekrutierung von Experten und der Austragung von Konflikten zwischen ihnen".[123] Welche Folgen dies für die Policy-Forschung hatte, schlug sich deutlich in den Arbeiten von Renate Mayntz nieder, die ihre Beratungserfahrung zu neuen Einsichten über das Verhältnis von Wissenschaft und Politik führte. Wiederholt wandte sie sich gegen ein allzu einfaches und stereotypes Modell aus dem Umfeld der Neuen Linken, das davon ausgehe, die Politik definiere Ziele, der Wissenschaftler liefere wertfreies Wissen, dieses werde instrumentalisiert und mache die Politik effektiver, aber nicht normativ besser.[124] Doch erstens seien die Wissenschaftler weder wertfrei, noch blieben sie zweitens ohne Einfluss auf die Definition sozialer Probleme und damit politischer Ziele, ganz besonders in der Bildungs-, der Gesundheits- und der

Umweltpolitik.[125] Schon die sozialwissenschaftlichen Begriffe und Annahmen seien niemals wertfrei, immer enthielten sie normative Elemente, die bei der Definition der Forschungsfragen wie bei der Interpretation von Daten und Ergebnissen eine maßgebliche Rolle spielten. Als Beispiele nannte Mayntz das Interesse an Effizienz und Systemerhalt in der Organisationstheorie, in der Theorie Talcott Parsons das Interesse an „erfolgreicher“ Sozialisation.[126] Auch abstrakte Begriffe wie „soziale Integration“, „abweichendes Verhalten“ oder „berufliche Mobilität“ offenbarten für sie klare Wertbezüge. „Wir produzieren damit faktisch so etwas wie eine Weltanschauung im vollen Sinne dieses Wortes: wertbezogene Wahrnehmungsmuster ausgewählter Teile der Wirklichkeit, die damit implizit auch Handlungsaufforderungen enthalten.“[127]

Den Vorschlägen der Bildungsreformer habe die Überzeugung zugrunde gelegen, dass man die gleichen Bildungschancen für alle ungeachtet der sozialen Herkunft herstellen und qualifizierte Kräfte für die Wirtschaft ausbilden müsse. Eine ihrer eigenen Empfehlungen zur Organisationsreform in der Ministerialbürokratie habe auf einer normativen Konzeption der Funktion von Bürokratie basiert. „The value premise underlying this applied theory was the conviction that the directive capacity of the government should be strengthened, which is a postulate that in turn can be justified with reference to the needs of system survival under specific conditions.“[128] Insgesamt wandte sich Mayntz gegen das stereotype Vorurteil, dass die Wissenschaft der Politik Wissen zur Verfügung stelle, das diese dann nutze. In der Praxis hatte für sie genau dieses Vorurteil auf beiden Seiten zu Enttäuschungen und Frustrationen geführt, aber eben letztlich auch zur Etablierung eines neuen Forschungsfeldes, das die Funktionsweise des Policy-Prozesses zum Gegenstand hatte.[129] Gerade die Wertbezogenheit in der Sozialwissenschaft hatte für Mayntz großen Anteil daran, dass Ist-Zustände als „Problem“ erkannt würden und dadurch die Politik auf Handlungsnotwendigkeiten und -möglichkeiten aufmerksam werde. Der empirische Nachweis bestehender Bildungsbarrieren habe so den Wert von „Bildung als Bürgerrecht“ (Ralf Dahrendorf) unterstrichen. Natürlich konnten, darüber bestanden für Mayntz keine

Illusionen, Wissenschaftler in dieser Hinsicht Advokaten bestimmter Gruppen oder Interessen sein. Doch blieb es für sie eine wesentliche Funktion und Aufgabe der Sozialwissenschaft, als „eine Art Frühwarnsystem“ für die Politik zu wirken, indem sie in ihrer Themenwahl sensibel auf Dinge reagierte, die in der Bevölkerung etwa vages Unbehagen bereiteten.[130]

Gleichwohl zeigte sich bei Renate Mayntz Ende der Siebzigerjahre eine deutlich abgeklärtere Sicht auf die Möglichkeiten politischer Steuerung, wissenschaftlicher Beratung und die spezifischen Rationalitäten des politischen Prozesses. Politik war eben nicht primär zielorientiert im Sinne „manifester“ Programmziele, sie diente nicht ausschließlich „sachlich“ dem gesellschaftlichen Gesamtwohl, politische Programme waren selten „rationale Instrumente“, und das Verhältnis von Wissenschaft und Politik war auch durch einen Kampf um Macht, Einfluss und Prestige gekennzeichnet.[131] Nur wer sich politische Entscheidungsprozesse nach dem Modell der rationalen Entscheidungstheorie vorstelle, könne meinen, es komme beim politischen Handeln primär auf die instrumentelle Verarbeitung und Umsetzung von Wissen an. „Der Sozialwissenschaftler weiß aber doch eigentlich, daß es bei politischen Entscheidungen nicht nur auf die wirkungsvolle Lösung von Sachproblemen ankommt, sondern u. a. auf Schnelligkeit, die Schonung knapper Mittel, die Vermeidung unnötiger Konflikte, die Chance, Freunden und Partnern einen Vorteil zuzuwenden, und, last not least, um die politische Selbsterhaltung.“[132] Dass der politisch Handelnde wissenschaftliches Wissen auch zur Legitimierung schon getroffener Entscheidungen oder als politische Munition einsetzte, war für Mayntz dann *gemessen an den Rationalitätskriterien des politischen Prozesses* vollkommen rational.[133]

So standen die Sozialwissenschaften Anfang der Achtzigerjahre an der viel beschworenen „Epochenschwelle“ oder „Zeitenwende“,[134] an der sie alte Gewissheiten und „klassische Selbstverständlichkeiten“ überdachten und zu einem Teil revidierten. Bei Ulrich Beck und Wolfgang Bonß, den Urhebern der Theorie reflexiver Modernisierung, gestaltete sich dieser Gedankengang folgendermaßen: „Klassisch“ sei erstens die Annahme, es bestehe ein grundsätzliches „Rationalitätsgefälle“

zwischen sozialwissenschaftlichem Wissen und politischen Entscheidungsprozessen; zweitens, die „Verwendung“ sozialwissenschaftlichen Wissens erfolge deduktiv von oben nach unten. Drittens gehe die Rede von der „Verwendung“ in der Regel davon aus, dass ein sozialwissenschaftliches Deutungsmuster in veränderten Handlungs- und Entscheidungsstrukturen direkt identifizierbar sei. Viertens werde sachlich und zeitlich zumeist ein direkter Zusammenhang zwischen Wissen und Umsetzung unterstellt. Die „Verwendung“ sozialwissenschaftlichen Wissens zu untersuchen bedeute dann schließlich fünftens, den Weg eingespeister Ergebnisse durch die Institutionen zu verfolgen, „Blockaden“ und „Hemmnisse“ zu identifizieren und Vorschläge zu deren Beseitigung zu machen.[135] Das war für Beck und Bonß alles falsch, denn im Sinne der „alltäglichen Versozialwissenschaftlichung“ – der Soziologisierung der Lebenswelt – bedeute Verwendung letztlich gerade die notwendige *Auflösung* der Soziologie im Handlungszusammenhang, wo sozialwissenschaftliches Wissen dann nicht mehr unmittelbar identifizierbar sei. So werde die Nachfrage nach diesem Wissen auch nicht von der Soziologie gesteuert und die „Verwendung“ in hohem Maße selektiv.[136]

In der Rede von der „Verwendung“ und dem Versuch, diesen Weg nachzuvollziehen, äußerte sich für Beck und Bonß gewissermaßen das, was Joachim Matthes dem überkommenen „rationalistischen“ Selbstverständnis vieler Soziologen und Friedrich Tenbruck der mittlerweile verfehlten Logik „mehr Wissenschaft bringt mehr Fortschritt“ zugeordnet hatte. Die „Krise“ der Soziologie begann genau zu dem Zeitpunkt, als zahlreiche materielle wie gesellschaftliche Grundlagen und Prämissen der Modernisierung fragwürdig wurden und die Reformen, die unter diesen Prämissen im Übergang zu den Siebzigerjahren initiiert worden waren, nicht wie gewünscht funktionierten. Jetzt begann die Historisierung dieser Prämissen und der „Moderne“ selbst.[137] „Die Praxis- und Professionalisierungsprobleme der Sozialwissenschaften in den achtziger Jahren“, so Beck und Bonß, „werden nach unserer Auffassung immer noch aus einem Verständnis heraus gesehen und diskutiert, das auf die Bedingungen zu Beginn dieses Jahrhunderts bezogen ist, also auf eine Entwicklungsphase, in der sich die Soziologie gerade als Exponent gesellschaftlicher Modernisierung zu begreifen lernte und das ‚Paradigma des wissenschaftlichen Fortschritts' in voller Blüte stand. Heute ist dieser *Hintergrundkonsens soziologischer Aufklärung* fragwürdig geworden, und zwar gerade deshalb, weil die anvisierten Modernisierungsprozesse ebenso realisiert worden sind wie eine ‚primäre' Versozialwissenschaftlichung des Alltags."[138] Darüber hinaus seien „Modernisierung" und „Fortschritt" selbst in die Kritik geraten, denn jetzt seien ihre sozialen Kosten sichtbar geworden. Die Gesellschaft befand sich in einer „Krise der Modernität", die jedoch nicht das Ende, sondern den Beginn einer neuen Phase gesellschaftlicher Modernisierung signalisiere: den Übergang von der „naiven" zur „reflexiven" Modernisierung, das heißt der „Anwendung der Modernisierung auf sich selbst", ihr „Reflexivwerden", mit dem dann auch Brüche und Problemverschiebungen einhergehen würden. Die Modernisierung werde selbst modernisiert, und dies erfasse ebenfalls die Wissenschaft, was Beck und Bonß „sekundäre Verwissenschaftlichung" nannten: Die Deutungsmuster, die sich in der Phase der „primären Verwissenschaftlichung" eingeschliffen hätten, verlören die „Aura definitiv wahrer Erkenntnisse" und würden zu „sozialen Konstruktionen" relativiert, die die Wirklichkeit durchaus verfehlen könnten.[139]

Es bedurfte neuer Begriffe, neuer Kategorien, neuer Begründungen, Problemdefinitionen und Interpretationsangebote, um die neuen Probleme zu konzeptualisieren, die die Modernisierung selbst hervorgebracht hatte. „Was macht man in einer Zeit, in der nicht mehr sicher ist, wieweit Grundbegriffe wie Beruf, Familie, soziale Klasse, soziale Schicht etc. noch die Realität treffen, in der nicht mehr selbstverständlich ist, ob Arbeitslosigkeit nun das Problem ist oder der erste Schritt in die Freiheit von der Arbeitsgesellschaft? Ist das Setzen auf Vollbeschäftigung und Wirtschaftswachstum die Problemlösung oder eine Problemursache? Werden durch den Ausbau des medizinischen Versorgungssystems die Möglichkeiten, krank zu werden, bekämpft oder ausgeweitet? In allen Detailfragen und Bereichen des Modernisierungsprozesses hat sich der Zweifel eingeschlichen, inwieweit hier nicht der Teufel mit dem Beelzebub ausgetrieben werden soll.“[140]

Aus der policy-orientierten, steuerungstheoretischen Perspektive von Renate Mayntz stellte sich diese Konstellation wie folgt dar: Die Ursachen für Vollzugsdefizite und Wirkungsmängel, die die Implementationsforschung für die Umsetzung politischer, mit sozialwissenschaftlicher Expertise erstellter Programme identifiziert hatte, lagen nicht allein in den Eigenheiten, Rationalitäten und Komplexitäten des Policy-Prozesses selbst. Sie hatten ebenfalls mit einem verfehlten Verständnis über den Charakter und die Möglichkeiten sozialwissenschaftlichen Wissens und mit der Beschaffenheit der „Problem- und Regelungsfelder“ zu tun. Soziologisches Wissen sei, so Mayntz 1980, nicht einfach instrumentell nutzbar, da es zu gesetzmäßigen Aussagen über lösungsbedürftige Probleme vom Typ „wenn A, dann B“ gar nicht fähig sei. Um die Wirkung einer politischen Maßnahme ermessen zu können, müssten Sozialwissenschaftler vielmehr über „höchst komplexe Faktorenkombinationen“ Bescheid wissen. „Gerade diese Art von Wissen ist jedoch typischerweise im Lagerhaus soziologischer Erkenntnisse nicht abrufbar gespeichert.“[141] Es sei kein soziologisches Wissen verfügbar, das man wie ein Kochrezept benutzen könne, denn überdies wachse mit der *Komplexität* der Zusammenhänge die Unsicherheit von Aussagen und Prognosen. Mit der „fehlenden kognitiven Sicherheit“ – beispielsweise über die Ursachen des Terrorismus oder der Arbeitslosigkeit – verlören die Aussagen des Wissenschaftlers ihren zwingenden Charakter und entsprechende politische Maßnahmen an Legitimität.[142] Die „Regelungsfelder“ seien heute äußerst komplex, ihre Strukturen und funktionalen Interdependenzen seien immer mehr gewachsen, damit seien die „kognitiven Voraussetzungen“ zielsicherer Intervention gestiegen.[143] Sollten politische Steuerung und Intervention in der modernen Gegenwartsgesellschaft funktionieren, musste man neue kognitive Sicherheiten gewinnen, Wissen über eine komplexe, dynamische Gesellschaft und die Eigenarten ihres politisch-administrativen Systems. Hier lagen die Wurzeln ihres Kölner Programms.

III. Der Weg nach Köln

Nach dem Rücktritt von Jürgen Habermas übernahm der Psychologe Franz Weinert im April 1981 die Leitung des Max-Planck-Instituts für Sozialwissenschaften, dessen Auflösung die Geisteswissenschaftliche Sektion einen Monat später empfahl. Zugleich bildete die Sektion eine Kommission, die über die künftige Förderung der Sozialwissenschaften in der Max-Planck-Gesellschaft beraten sollte. Der Senat ermächtigte den Präsidenten der MPG Reimar Lüst, geeignete „institutionelle Voraussetzungen" zu schaffen, die es Franz Weinert erlauben würden, unverzüglich seine Arbeit aufzunehmen.[1] Zum 1. August 1981 richtete Lüst das „Max-Planck-Institut für psychologische Forschung" mit Sitz in München ein und berief Weinert als dessen Direktor. Über die endgültige Gestalt und Ausrichtung des Instituts sollte ebenfalls die Sektionskommission beraten.[2]

Sie nahm im Oktober 1981 ihre Arbeit auf und entwarf drei Konzepte für sozialwissenschaftliche Institute: eines für „kulturvergleichende Forschung", eines für „vergleichende Sozialforschung" und eines für „Institutionenanalyse". Dazu sollten sechs auswärtige Gutachter persönlich Stellung nehmen und Wissenschaftler vorschlagen, die als mögliche Institutsdirektoren in Frage kamen. Die Chancen für das Konzept „kulturvergleichende Forschung" standen von Anbeginn nicht gut. Dies hing mit einer Reihe unausgesprochener Prämissen und Notwendigkeiten zusammen, die sich aus den Debatten um das Starnberger Institut ergaben und die Spielräume der Kommission definierten. Unter den auswärtigen Gutachtern befand sich die frühere Vorsitzende des Starnberger Fachbeirates Renate Mayntz, die dann von einer Mehrheit ihrer Gutachterkollegen und der Kommissionsmitglieder als geeignete Direktorin des neuen Instituts vorgeschlagen wurde. Als leitungserprobte, „unpolitische" und ergebnisorientierte Wissenschaftlerin sowie „harte" Empirikerin verkörperte Mayntz die perfekte Antwort auf die Notwendigkeiten, vor denen die MPG-Kommission nach Starnberg stand. Die Hinwendung zur Gesellschaftstheorie und ein starker Akzent auf Grundlagenforschung, die ihr Forschungsprogramm kennzeichneten, bedeuteten eine wissenschaftliche Neuorientierung von Mayntz. Mit ihren Studien zur politischen Steuerung und Implementation gelangte sie Anfang der Achtzigerjahre an die Grenzen sozialwissenschaftlicher Erklärungsmöglichkeiten. Gesellschaftliche „Komplexität" und „Dynamik" erforderten eine gesellschaftstheoretische Erweiterung ihrer eigenen Arbeit und eine Vertiefung der empirischen Untersuchungen im Bereich der verschiedenen gesellschaftlichen Subsysteme. Über den Zugang der Institutionenanalyse sollten im neuen Institut sowohl die Verbindung von empirischer Forschung und gesellschaftstheoretischer Orientierung sowie die Vermittlung zwischen mikro- und makrosoziologischer Perspektive gelingen. Zum 1. Januar 1985 nahm das „Max-Planck-Institut für Gesellschaftsforschung" in Köln seine Arbeit auf.

Die Kommission

In die Kommission wählte die Sektion mit dem Entwicklungspsychologen Paul Baltes und dem Erziehungswissenschaftler Wolfgang Edelstein zwei Direktoren des Berliner Max-Planck-Instituts für Bildungsforschung. Außerdem gehörten ihr der Germanist Wolfgang Klein vom MPI für Psycholinguistik in Nijmegen, die Strafrechtler und Kriminologen Günter Kaiser und Frieder Dünkel (beide MPI für ausländisches und internationales Strafrecht, letzterer als Mitarbeitervertreter) sowie der Rechtshistoriker Dieter Simon (MPI für europäische Rechtsgeschichte) an. Der Göttinger Mittelalterhistoriker Josef Fleckenstein (MPI für Geschichte) war als Vorsitzender der Geisteswissenschaftlichen Sektion automatisch Vorsitzender der Kommission.[3] Diese setzte sich zuerst mit der Befürchtung einiger Sektionsmitglieder auseinander, dass die Gründung des MPI für psychologische Forschung bereits vollendete Tatsachen für die Zukunft der Sozialwissenschaften in der MPG geschaffen haben könnte. Die Kommission wollte zwar die Existenz des Instituts und damit die Vorstellungen und Interessen von Franz Weinert berücksichtigen. Doch dieses sei ein „provisorisches Institut", eine Übergangslösung, und es sei der Auftrag der Kommission, eine umfassende Konzeption für die Förderung der Sozialwissenschaften in der MPG zu entwickeln.[4] Die Diskussion über die Frage, welche auswärtigen Mitglieder man in die Kommission berufen sollte, zeigte eine große Bandbreite an Personenvorschlägen und konzentrierte sich auf die Disziplinen Psychologie, Soziologie, Anthropologie und Philosophie. Mit Alain Touraine wurde ein ehemaliges Mitglied des Starnberger Fachbeirates genannt, und Niklas Luhmann, der zuvor der Starnberger Kommission angehört hatte, schlugen fast alle vor; unter den Soziologen waren außerdem Rainer Lepsius, Karl Martin Bolte, Wolf Lepenies, Joachim Matthes, Anthony Giddens, Shmuel Eisenstadt, Peter Berger und James Coleman. Auch der Name Habermas fiel, und dass politische Ausgewogenheit eine Rolle spielte, zeigte der Einschub „wenn Lübbe, dann auch Offe".[5]

Als auswärtige Mitglieder ludt die Kommission schließlich Jack R. Goody (Fakultät für Archäologie und Anthropologie der Universität Cambridge), Theodor Herrmann (Lehrstuhl für Psychologie, Universität Mannheim) und Walter Mischel (Department für Psychologie, Stanford University) ein. Mit Rainer Lepsius (Institut für Soziologie, Universität Heidelberg) holte sie außerdem jenen Soziologen ins Boot, der – so ging damals das Wort – federführend war bei der möglichen Gründung einer „Max-Weber-Gesellschaft" als neuem Zusammenschluss sozialwissenschaftlicher Institute, sollte die MPG nach der Starnberger Schließung künftig keinen Platz mehr für die Sozialwissenschaften haben.[6] Ausschlaggebend für die Wahl Joachim Matthes' (Institut für Soziologie der Universität Erlangen-Nürnberg) war vermutlich, dass er zu diesem Zeitpunkt Vorsitzender der DGS war (von 1979 bis 1982). Niklas Luhmann lehnte als einziger der Angefragten ab. Abgesehen von zeitlichen Engpässen, schrieb er an den Sektionsvorsitzenden Fleckenstein, könne er nicht verhehlen, dass er „deprimierende Erfahrungen“ mit Versuchen hinter sich habe, die Max-Planck-Gesellschaft in Fragen seines Faches zu beraten. In beiden Fällen, in denen er beteiligt gewesen war – einer davon war Starnberg –, seien Entscheidungen getroffen worden, für die eine vorherige Beratung bedeutungslos gewesen sei.[7]

Der Kommission gehörten damit neben zahlreichen psychologisch orientierten Wissenschaftlern und mehreren Juristen lediglich zwei Soziologen und – was mit Blick auf den Auftrag, über die Zukunft der *Sozialwissenschaften* in der MPG zu beraten, besonders auffällt – kein Politik- und kein Wirtschaftswissenschaftler an. Diese Zusammensetzung sollte sich dann später noch als ein Problem erweisen und lässt sich nur damit erklären, dass sich die Kommission noch zu einem gewissen Grad an das ursprüngliche Konzept von Jürgen Habermas gebunden fühlte.[8] Eine Personalentscheidung, die neben der Auswahl der auswärtigen Mitglieder erhebliche Bedeutung für die Arbeit der Kommission hatte, fiel mit einem Wechsel des Vorsitzenden. Da Josef Fleckenstein sich zeitlich zu sehr belastet und nicht hinreichend sachkompetent fühlte, schlug er vor, Paul Baltes zum Vorsitzenden zu wählen.[9] Der 1939 geborene Entwicklungspsychologe hatte die vergangenen zwölf Jahre in den USA gelehrt, zuletzt an der Pennsylvania State University, war 1977 in der Starnberger Zukunftsfrage als Gutachter aufgetreten und 1980 ans Max-Planck-Institut für Bildungsforschung berufen worden.

Dieses Institut befand sich im Übergang zu den Achtzigerjahren, als innerhalb der kurzen Zeitspanne von 1977 bis 1982 mit Friedrich Edding, Hellmut Becker und Dietrich Goldschmidt drei der Gründungsdirektoren ausschieden, in einer Umbruchphase, die in engem Zusammenhang mit den oben geschilderten Neuorientierungen der Sozialwissenschaften „nach dem Boom“ zu sehen ist. Die institutsinterne Geschichtsschreibung hat diese Umbruchphase durch „Spannungen“ gekennzeichnet gesehen, die zwischen den „Bedürfnissen einer sachverständig zu beratenden Praxis“ und der Grundlagenforschung bestanden. „Diese Spannung wurde deutlich in den späten 70er Jahren, als Enttäuschung über den Widerstand, den die sozialen Strukturen Reformen entgegensetzten, Forderungen nach einem besser gesicherten Fundament für die Politikberatung Nachdruck verlieh und diese mit einer kritischen Neubewertung der erkenntnisleitenden ‚Basistheorien' über die gesellschaftliche Entwicklung verband."[10] Den Übergang des Instituts in die Achtzigerjahre prägte eine strukturelle und programmatische Neuausrichtung, die mit den Berufungen von Paul Baltes sowie des Soziologen Karl Ulrich Mayer 1983 vorangetrieben wurde. Zu dieser Neuausrichtung zählte erstens eine Stärkung der „traditionellen" Disziplinen Psychologie und Soziologie, die sich in mehr disziplinärer – und nicht unter dem Rubrum „Erziehungswissenschaften" subsumierter – Forschung und einer entsprechenden Institutsorganisation niederschlug. Zweitens sollte sich das Institut mit langfristigeren Projekten beschäftigen, was damals offenbar auch mit einer nachlassenden Nachfrage nach politikberatender und anwendungsorientierter Bildungsforschung begründet wurde. Eng damit verbunden war das Vorhaben, mehr empirische und experimentelle Untersuchungen durchzuführen.[11]

Baltes hatte den Ruf eines Reformers, galt als engagiert und progressiv, und früh schon wurden ihm höhere Ambitionen innerhalb der MPG nachgesagt. Im Oktober 1981 akzeptierte er die Wahl zum Kommissionsvorsitzenden, allerdings „nach einigem Zögern, das den mit der Rolle des Vorsitzenden verbundenen Beschränkungen galt".[12] Baltes ließ sich zusichern, dass er in der Kommission als Fachwissenschaftler würde sprechen können und sich nicht auf „bloße Ordnungsfunktionen" einschränken müsse. Einiges spricht dafür, dass der Vorsitz Baltes in eine Position brachte, von der aus er die Verhandlungen der Kommission bis hin zur Entscheidung für Renate Mayntz und ihr Programm entscheidend zu beeinflussen, wenn nicht gar zu steuern vermochte, auch wenn er nicht offen Partei ergreifen konnte. Damals Beteiligte haben ihn als ebenso hervorragenden Strategen und gewieften Taktiker wie diplomatisch begabten Kommunikator beschrieben.[13] Wesentlich stärker als die auswärtigen Kommissionsmitglieder waren sich die MPG-Vertreter der Notwendigkeiten bewusst, die sich aus dem Scheitern des Starnberger Instituts für ihre Arbeit ergaben. Die Bildungsforscher um Hellmut Becker waren einst die nachdrücklichsten Befürworter von

Starnberg gewesen, dem viele Juristen in der Geisteswissenschaftlichen Sektion skeptisch bis ablehnend gegenübergestanden hatten.

Namentlich Baltes und Wolfgang Edelstein, der bereits seit 1973 Direktor am MPI für Bildungsforschung war und die Diskussionen um Starnberg in der Geisteswissenschaftlichen Sektion hatte verfolgen können, war es ein mit großem Engagement verfolgtes Anliegen, die Sozialwissenschaften in der MPG zu stärken und zu legitimieren. Gemeinsam mit Dieter Simon scheinen sie ein einflussreiches und gut aufeinander eingespieltes Führungstrio innerhalb der Kommission gebildet zu haben, das sich überdies der Unterstützung des im Hintergrund agierenden Präsidenten der MPG Reimar Lüst sicher sein konnte. Wollte man erfolgreich ein neues sozialwissenschaftliches Institut gründen, musste die Kommission all jene Fehler vermeiden und Widerstände überwinden, die sich in den Diskussionen um Starnberg und seine unrühmliche Schließungsgeschichte offenbart und verfestigt hatten. Starnberg, das waren in den Augen seiner Kritiker, an denen es auch innerhalb der MPG nicht mangelte, Chaos und Missmanagement, wissenschaftlicher Dilettantismus und fehlgeleitete Utopie mit linker Schlagseite gewesen. Das Starnberger Institut galt als gescheitertes Experiment und hatte zudem immer wieder für öffentliche Schlagzeilen gesorgt, die dem Renommee der Max-Planck-Gesellschaft nach Meinung vieler geschadet hatten. In der Kommission sind eventuelle „Lehren" aus der Starnberg-Geschichte nur selten explizit angesprochen worden. Im Prinzip war „Starnberg" jedoch in allen Diskussionen um die Neukonzeption und die Suche nach geeigneten Personen präsent.

Die Kommission war sich zunächst darüber einig, dass sie – wie die erwähnte disziplinäre Zusammensetzung und die Orientierung am Habermas-Konzept zeigten – weder alle sozialwissenschaftlichen Disziplinen berücksichtigen noch die Institutionalisierung einzelner Teildisziplinen anstreben sollte. „Es komme vielmehr darauf an, spezielle, der Grundlagenforschung zuzurechnende und einer gezielten Förderung bedürftige Problembereiche zu definieren. Betont wurde außerdem, daß es bei konkreten Planungsüberlegungen nicht nur um inhaltliche, sondern auch um personelle Vorschläge gehen müsse, was letztlich die Optionen einengen werde."[14] Wie im MPI für Bildungsforschung orientierte man sich also verstärkt in Richtung sozialwissenschaftlicher Grundlagenforschung, was der Kernaufgabe der MPG als grundlagenorientierte Forschungsorganisation entsprach. Eine Stärkung der sozialwissenschaftlichen Grundlagenforschung kam ebenfalls den Empfehlungen entgegen, die der Wissenschaftsrat 1981 zur Förderung der empirischen Sozialforschung ausgesprochen hatte und in denen einige der Konsequenzen der Jahre „nach dem Boom" zum Ausdruck kamen. Das starke Interesse an praktisch unmittelbar verwertbaren Forschungsergebnissen, so der Wissenschaftsrat, habe zu einer Vernachlässigung der Grundlagenforschung geführt und die Entwicklung neuer theoretischer Ansätze und methodischer Instrumente verhindert.[15] Zu fördern waren nun leistungsfähige außeruniversitäre Sozialforschungsinstitute in einer Form, die es ihnen ermöglichen sollte, neben der nutzungsorientierten Forschung verstärkt Grundlagenforschung zu betreiben und eigenständige Programme zu entwickeln, umfassende wie längerfristig orientierte Projekte zu bearbeiten und größere Forschungsgebiete zu erschließen.[16]

Anders als in den Diskussionen um Starnberg, und hier besonders im Umfeld der Dahrendorf-Berufung, ging die Kommission zumindest nicht primär von Personen, sondern in einer thematisch und forschungspolitisch bestimmten Perspektive von Inhalten und Programmen aus. Gleichwohl mussten bei allen Konzepten Besetzungsmöglichkeiten mitgedacht werden, denn ohne MPG-fähige Direktorenpersönlichkeit machte eine Institutsgründung keinen Sinn. Bis 1983 debattierte die Kommission tatsächlich vordergründig über mögliche Institutskonzepte. Dies wird zum einen mit ihrem Auftrag zusammengehangen haben, bei dem es sehr weit gefasst um die Möglichkeiten der weiteren Förderung der Sozialwissenschaften in der MPG ging, ohne dass deren Form bereits feststand. Zum anderen waren die Debatten um Starnberg in der Regel dann emotional und politisch geworden, sobald es um bestimmte Personen gegangen war. Verzichtete die Kommission also zunächst auf Personaldiskussionen, konnte sie einerseits das Konfliktpotential verringern, andererseits konnten so auch Namen nicht dadurch, dass sie von interessierter Seite früh ins Spiel gebracht wurden, gezielt verschlissen werden und damit am Ende die Möglichkeiten einschränken.

Sodann hieß es zu entscheiden, ob die Kommission über ein an das Institut für psychologische Forschung und an die mittelfristig verfügbaren Ressourcen gebundenes Konzept (die Ressourcen deckten zu diesem Zeitpunkt das alte Habermas-Konzept mit vier Abteilungen ab) oder ob sie in langfristiger Perspektive und auf die Geisteswissenschaftliche Sektion insgesamt bezogen ein programmatisches Konzept für die Förderung der Sozialwissenschaften in der MPG vorlegen sollte. „Denn es wurden zwar durchaus Möglichkeiten gesehen, am Institut für psychologische Forschung und an den Vorstellungen von Herrn Weinert ansetzend ein mittelfristig sinnvolles Forschungskonzept zu entwickeln; von einem für die Sozialwissenschaften sowohl fachlich als auch wissenschaftspolitisch bedeutsamen Schritt der Gesellschaft könne in diesem Rahmen aber [...] nicht die Rede sein."[17] Ein „integriertes" größeres Institut (Weinert plus x) könne sehr leicht eine Einengung auf den Bereich der Mikrosoziologie, eine „psychologisierende Soziologie", nach sich ziehen. Außerdem stehe die Kommission bei einer integrierten Lösung unter Zeitdruck, denn nach den Vorstellungen Weinerts sollten die weiteren Abteilungen bereits 1983 ihre Arbeit aufnehmen.[18]

Ideen und Konzepte

Im Juli 1982 stand fest, dass man „im Rahmen einer mittel- bis langfristigen Planung drei [sic] kleinere, konzeptionell überzeugende sozialwissenschaftliche Institute mit zunächst je zwei, später drei Abteilungen" vorschlagen wollte. Diese sollten folgende thematische Bereiche behandeln: 1) psychologische Forschung (das war das Weinert-Institut), 2) kulturvergleichende Forschung und Kulturanthropologie, 3) Organisation und Organisationsverhalten sowie Analyse von sozialen und politischen Institutionen.[19] Für den anwesenden Lüst legte Baltes noch einmal die Gründe gegen die integrierte interdisziplinäre Lösung dar: möglicherweise schwierig zu überbrückende theoretische und methodologische Unterschiede; mit dem MPI für Bildungsforschung existiere bereits ein interdisziplinäres Institut; unter langfristigen strategischen Gesichtspunkten spreche mehr für einen „disziplinären und methodischen Pluralismus durch die Einrichtung mehrerer kleiner, miteinander kooperierender Institute".[20] Damit wandte sich die Kommission klar gegen eine interdisziplinäre Lösung unter einem Dach, was in engem Zusammenhang mit den Erfahrungen von Starnberg zu sehen ist. Die breite Thematik des Starnberger Institutes hatte das schwer zu lösende Dilemma der Interdisziplinarität deutlich zu Tage treten lassen. Die Fragestellung des Instituts, hatte es 1975 von Seiten des Fachbeirates geheißen, verlange nach interdisziplinärer Zusammenarbeit, und diese galt dem Beirat als wichtigste Voraussetzung für den Erfolg des Instituts. Als Gefahren hatte man aber einerseits eine Auseinanderentwicklung, andererseits Dilettantismus gesehen, dies vor allem auch angesichts eines begrenzten Personalbestandes.[21]

Die Auseinanderentwicklung oder die „zentrifugalen Tendenzen", die die verschiedenen Gremien der MPG in der Diskussion um die Zukunft des Instituts identifiziert hatten, hatten ihren deutlichsten Ausdruck in der Herausbildung der stärker disziplinär orientierten „Gruppen" – Ökonomie, Physiker, Wissenschaftsforschung – gefunden, deren Zusammenarbeit letztlich mangelhaft erschienen war. Das Problem eines fachlichen Dilettantismus hatte sich für die MPG in den ökonomischen Arbeiten manifestiert. Diesem hatten von Weizsäcker und Habermas mit der Einrichtung eines ökonomischen Arbeitsbereichs unter der Leitung eines Wirtschaftswissenschaftlers begegnen wollen, was dann aber wiederum desintegrative Wirkungen hätte entfalten können. Sieht man von der politisch-strategischen Bedeutung ab, die die Berufung eines dritten Direktors für die Zukunft des Instituts hatte, so offenbarte sich auf der inhaltlich-thematischen Ebene ein kaum zu lösendes Dilemma zwischen interdisziplinärer Breite und disziplinärer Fokussierung. Als einziger Ausweg erschien dem Fachbeirat damals auch nur ein thematisch stärker konzentriertes Forschungsprogramm.[22]

Im Juli 1982 diskutierte die Kommission über erste Vorlagen, mit denen man Jack Goody, Joachim Matthes und Rainer Lepsius betraut hatte.[23] Matthes und Goody skizzierten ihre Vorstellungen eines „Instituts für kulturvergleichende Forschung", Lepsius präsentierte den Rahmen für ein „Institut für vergleichende Sozialforschung" und fügte eine weitere Konzeption für ein „Institut für Institutionenanalyse" hinzu. Die Kommission äußerte sich zu allen Vorschlägen prinzipiell positiv und verfügte nun über drei Basiskonzepte.[24] Auf die Frage, ob alle drei gleichrangig einzuordnen seien, betonte insbesondere MPG-Generalsekretär Dietrich Ranft, dass die „Entscheidung in der Präferenzfrage" wesentlich von den Besetzungsmöglichkeiten abhänge.[25] Im November 1982 übermittelte die Kommission einen ersten Zwischenbericht an die Sektion, wobei die Neuberufungen für das MPI für psychologische Forschung im Vordergrund standen.[26] Hinsichtlich der übrigen Institutskonzepte drängte die Sektion darauf, rasch zu konkreten Vorschlägen zu kommen, damit sichergestellt werden konnte, dass die vakanten Stellen aus dem Starnberg-Komplex für die Sozialwissenschaften eingesetzt würden. Die Sektion begrüßte allerdings die Entscheidung der Kommission, ihre Vorschläge unabhängig von den gegenwärtig verfügbaren finanziellen Mitteln auszuarbeiten, und unterstrich damit die zunehmende Bedeutung einer mittel- bis langfristig ausgerichteten Forschungsplanung innerhalb der MPG. Es sei sinnvoll, ein gewisses „Planungspotential" zu schaffen, auf das man dann zurückgreifen konnte, wenn die finanzielle Situation es ermöglichte. Die Arbeitsweise der Kommission hatte hier für die Sektion sogar „Modellcharakter". „Auch im Hinblick auf andere Forschungsfelder erscheine eine solche systematische Prüfung wünschenswert, denn für die Max-Planck-Gesellschaft sei es wichtig, einen Überblick zu haben, in welchen Bereichen der Einsatz ihrer spezifischen Möglichkeiten sinnvoll wäre."[27]

Im Zwischenbericht, der federführend von Paul Baltes, Wolfgang Edelstein, Dieter Simon und Theodor Hermann formuliert wurde,[28] fanden sich einige „Kriterien", die mit Blick auf die spätere Entscheidung von erheblicher Tragweite waren. So hieß es zum einen, dass die neuen Institute „empirisch" sowie auf Grundlagenforschung – was als Abgrenzung gegenüber anwendungs- und beratungsnaher Forschung zu verstehen sein konnte

– ausgerichtet sein sollten. Außerdem sollte der betreffende Forschungsbereich theoretisch und methodologisch so weit bearbeitet sein, dass „hinreichend sachliche und personelle Kompetenz verfügbar“ sei. Und schließlich wünschte man eine „Problematik“, die in einem Zeitraum von zehn bis fünfzehn Jahren so umfassend bearbeitet werden könne, dass man danach die Forschungskapazitäten inhaltlich umwidmen konnte, „ohne Gefahr zu laufen, Forschungsruinen zu hinterlassen“.[29] Letzteres war unübersehbar auf die beendeten Forschungen des Arbeitsbereiches I in Starnberg bezogen.

Hält man sich neben diesen Kriterien die Implikationen des „cultural turn“ vor Augen, den in der deutschen Soziologie Anfang der Achtzigerjahre namentlich Joachim Matthes propagierte,[30] dann wird rasch klar, warum die Kommission – und dies wiederum mit Blick auf die Durchsetzungsmöglichkeiten innerhalb der Sektion und schließlich gegenüber den naturwissenschaftlichen Sektionen – der Konzeption von Matthes und Goody letztlich reserviert gegenüberstand. Denn der Vorschlag für ein „Institut für kulturvergleichende Forschung“ setzte für Matthes zunächst die Entwicklung einer Methodologie des Kulturvergleichs voraus, eine „definitorisch-konzeptuelle und methodologische Rezeptions- und Reflexionsleistung“, die der eigentlichen empirischen Arbeit erst vorausgehen musste.[31] Zentral war dabei, dass diese neue Konzeption kulturvergleichender Forschung die bisherigen „ethnozentrischen Beschränkungen“ vergleichender Sozialforschung überwinden sollte. Diese bestanden für Matthes darin, dass die vergleichende Sozialwissenschaft in der Regel an Systemeigenschaften und Strukturmerkmalen ansetzte, dabei bereits einen hohen Grad an Gleichartigkeit voraussetzte und so letztlich eine „bloße Projektion der Selbstkonzeptualisierung westlicher Kultur(en) auf nicht-westliche“ betrieb. Das galt besonders für die oft praktizierte Übertragung sozialwissenschaftlicher Entwicklungs- und Modernisierungstheorien auf außerwestliche Gesellschaften.[32] „Demgegenüber sollte kulturvergleichende Forschung ihre besondere Erkenntnischance gerade darin sehen, ihren Ausgang nicht an derartigen Merkmalsdefinitionen und -zuschreibungen [wie am Gegenstand von Familie, Religion oder politischem System] zu nehmen, sondern an den von den Mitgliedern einer Kultur selber explizierbaren intersubjektiven Regeln lebensweltlicher Praxis – wie sie von eben diesen Mitgliedern einer Kultur ausgebildet, übernommen, reproduziert und verändert werden."[33] Kern der Forschung waren dann sowohl die Rekonstruktion dieser Regeln – das heißt eben nicht die Zuschreibung von Merkmalen – sowie die Analyse der darin aufscheinenden lebensweltlichen Probleme und die „Stilisierung" der Regeln zu übergreifenden gesellschaftlichen und kulturellen Institutionen.[34]

Bedenken der Kommission betrafen zuerst die theoretischen Prämissen des methodischen Verfahrens, das Matthes selbst „unter Gesichtspunkten der Ökonomie und der Forschungsrationalität" als aufwendig bezeichnete.[35] Darüber hinaus betrachtete man Matthes' Ziel, im Institut die Forschungstraditionen der deutschen Kultursoziologie und der angelsächsischen sowie der französischen Kulturanthropologie und Ethnologie zusammenzuführen, mit Skepsis und befürchtete „Integrationsschwierigkeiten". Und schließlich erschien die Konzeption zu sehr auf die persönlichen Forschungsinteressen von Matthes zugeschnitten. Gleichwohl wünschte sich die Kommission eine modifizierte Fassung des Papiers; auch Rainer Lepsius arbeitete seine Vorlagen für ein „Institut für vergleichende Sozialforschung" weiter schriftlich aus. Außerdem wurde noch die Frage nach alternativen Konzepten gestellt, hier brachte Walter Mischel das Gebiet der „Cognitive Science" ins Spiel, das in der Kommission auf großes Interesse stieß.[36]

Das von Rainer Lepsius vorgeschlagene Institut sollte sich mit der Analyse sozialer Strukturen und Prozesse in verschiedenen sozialen Systemen befassen. Primäre Vergleichseinheit sollte der Nationalstaat sein, der für Lepsius den wichtigsten Rahmen für institutionelle Ordnungen wie für Handlungsorientierungen der Bevölkerung bildete und eine historisch geprägte soziale und kulturelle „Einheit" darstellte. Lepsius wollte im Prinzip genau das durchführen, was Matthes als ethnozentrische Selbstkonzeptualisierung kritisierte: nämlich einen an nationalstaatlichen Institutionen ansetzenden Vergleich auf der Basis gleichartiger Systemeigenschaften, der die Untersuchungen auf die parlamentarisch-demokratischen, in einer christlich-abendländischen Tradition verwurzelten „fortgeschrittenen Industriegesellschaften“ Westeuropas und Nordamerikas einschränkte. Methodische Ausgangspunkte waren die Umfrageforschung sowie die Analyse von Aggregatdaten und die Institutionenanalyse. Ziel war es, die vergleichende Sozialforschung weiterzuentwickeln, darüber einen Beitrag zur gesellschaftlichen Makrotheorie zu leisten und die dominierende nationale Fixierung zu überwinden, die laut Lepsius viele Untersuchungen über politische und soziale Entwicklungen in den demokratischen Industrie- und Dienstleistungsgesellschaften kennzeichnete.[37]

Im Januar 1983 nutzte die Kommission die Abwesenheit von Matthes und Lepsius, um frank und frei über ihre Konzepte und die problematische Konstellation zu diskutieren, dass beide als potentielle Direktoren in Frage kamen.[38] Dabei zeigten sich mehrere Kommissionsmitglieder ausgesprochen unzufrieden mit den bisherigen Vorlagen wie mit der Zusammensetzung der Kommission. „In dieser Zusammensetzung können wir nicht weiterarbeiten, zwei Dinge dysfunktional, zwei Vertreter der Soziologie, die selbst Partei, nicht ohne Interessen sind. Unerträglich, einerseits potentielle Kandidaten über Konzepte mitentscheiden zu lassen oder ihnen andererseits ihre Kandidaturmöglichkeiten zu nehmen. Zwei Konzepte mit zwei Personen, aber diese haben die weitaus größte Fachkompetenz. Deshalb durch Änderung der Kommission versuchen, weniger interessenabhängigen Kompetenzzuwachs zu bekommen“.[39] Mit Blick auf die weiteren Beratungen und die Empfehlung an die Sektion erschienen sowohl die Soziologie als auch die Anthropologie in der Kommission nicht hinreichend repräsentiert. Da die MPG zudem Beschlüsse über Institutsgründungen nach innen wie nach außen nur dann vertreten könne, wenn sie von einer breiten Mehrheit in den betroffenen Disziplinen befürwortet würden, wollte die Kommission jetzt externe Sachverständige anhören.[40] Diese sollten sowohl in der Lage sein, die vorliegenden Konzepte (die man noch ohne personelle Möglichkeiten präsentieren wollte) zu kommentieren wie außerdem Anstoß zu anderen Ideen und Alternativen – von „neuem Input“ war hier die Rede – zu geben.[41]

Auswärtige Fachkompetenz

Die Debatte, welche Experten eingeladen werden sollten, eröffnete die Kategorie „Leute, die nicht parteiisch sind". Gleich nach Luhmann fiel hier der Name Mayntz,[42] die man zudem wegen ihrer „Kenntnis der Starnberger Situation" für geeignet hielt, während andere Namen im Starnberger Umfeld derart „verbraucht" erschienen, dass sie nicht mehr als Gutachter in Frage kamen.[43] Da die Kommission den Experten nicht nur zwei, sondern drei Konzepte präsentieren wollte, bat sie Lepsius, das „Institut für Institutionenanalyse" aus dem Konzept für die „vergleichende Sozialforschung" auszukoppeln. Den Experten wollte man allerdings nicht die kompletten Vorlagen, sondern nur drei knappe Zusammenfassungen zukommen lassen. Neben Mayntz (Institut für angewandte Sozialforschung, Universität Köln) einigte sich die Kommission auf Leopold Rosenmayr (Institut für Soziologie, Universität Wien), Hans Bertram (Fachbereich Pädagogik der Hochschule der Bundeswehr München), Clemens Heller (Maison des Sciences de l'Homme, Paris) und Ernest Gellner (Department of Philosophy, Logic and Scientific Method, London School of Economics).[44] Von Matthes, der sich angesichts der Dominanz mehrerer von ihm so bezeichneter „mainstreamer" einigermaßen entsetzt zeigte,[45] wollte man weitere Vorschläge einholen, so dass noch Ulrich Beck (Institut für Soziologie, Universität Bamberg) hinzukam.[46]

Die Expertenanhörung erstreckte sich über zwei Tage, am 6. Mai 1983 ging es um Kommentare zu den drei Konzepten, am 7. Mai um Alternativen. Als konkretes Ziel gab Baltes die Gründung von zwei sozialwissenschaftlichen Instituten mit jeweils zwei Abteilungen und je zwanzig bis 25 wissenschaftlichen Mitarbeitern an.[47] Zusammenfassend ist zu bemerken, dass keiner der Experten eines oder mehrere der vorgeschlagenen Konzepte verwarf, sondern sie stellten für alle eine tragfähige Basis dar. Die Kommentare drehten sich um folgende Aspekte: Man müsse verstärkt grundsätzliche Überlegungen über das Vorverständnis von „Sozialwissenschaften" anstellen; man müsse die Trennung zwischen isolierter Theoriebildung und den diversen empirischen Spezialdisziplinen überwinden und das „klassische Erkenntnisprogramm“ thematisch, theoretisch und methodisch neu interpretieren; das Verhältnis von Wissenschaft und Praxis müsse klarer werden; es dürfe weder einen Primat der Methodologie noch der Empirie geben; Methoden seien von den Problemen her zu entwickeln, nicht umgekehrt; dabei dürfe man sich aber auch nicht verzetteln und dem „Druck aktueller Probleme“ nachgeben; das Institut solle thematisch wie methodisch „zur Peripherie hin offen“ sein; eine makrosoziologische, gesellschaftsgeschichtliche Analyse müsse die „lebensweltliche Problematik“ einschließen und dürfe sich nicht ausschließlich auf der systemtheoretischen Ebene bewegen. Als inhaltliche Desiderata wurden genannt: das Aufkommen der Neuen Sozialen Bewegungen und damit einhergehender neuer Werte; Massenkommunikation und „Beeinflussungsstrukturen“ in der modernen Gesellschaft; die Untersuchung von „Beziehungen“ im privaten und sozialen Bereich; Entwicklungstendenzen und Krisensymptome der „sogenannten postindustriellen Gesellschaft“, die man „sachgerecht konzeptualisieren“ müsse.[48]

Renate Mayntz vermisste in allen drei Konzepten die Folgen der Technik und sprach sich für eine theorieorientierte Grundlagenforschung aus, die empirische Forschungsarbeit einschloss und den Bezug zu aktuellen Problemen gewährleistete. Mehrmals brachte sie die mangelhafte Verknüpfung, gar die „Kluft“ zwischen makro- und mikrosoziologischer Ebene zur Sprache, die für sie eng mit einem theoretischen Defizit der Forschung zusammenhing.[49] Die Verbindung von mikro- und makrosoziologischer Forschung hatte Mayntz 1978 vor der Kommission, die über die Zukunft des Starnberger Instituts beriet, als das Neuartige und Besondere des von Habermas geplanten Instituts für Sozialwissenschaften hervorgehoben.[50] Und die Geisteswissenschaftliche Sektion hatte, als sie 1981 beschloss, weiter über die Förderung der Sozialwissenschaften in der MPG zu beraten, es als „besonders wünschenswert“ bezeichnet, an das „spezifische Konzept einer Verbindung von mikro- und makrostruktureller Forschung anzuknüpfen“.[51] Den Vorschlag zur „kulturvergleichenden Forschung“ ordnete Mayntz primär der individuellen Ebene, das Konzept für „vergleichende Sozialforschung“ der makrosoziologischen und den Vorschlag zur „Institutionenanalyse“ einer mittleren Ebene zu. Verbindungsmöglichkeiten bestanden für sie wie für einen weiteren Gutachter zwischen den Vorschlägen eins und zwei (kulturvergleichende Forschung und vergleichende Sozialforschung), mehr noch aber – ebenso sahen es zwei andere Gutachter sowie mehrere Kommissionsmitglieder – zwischen den Vorschlägen zwei und drei, die in den konzeptionellen Vorarbeiten von Rainer Lepsius schon von Anfang an eng beieinander gestanden hatten. Nach ihrer Präferenz gefragt, bevorzugte Mayntz eine Verbindung von zwei und drei (also vergleichende Sozialforschung plus Institutionenanalyse), zwei Gutachter tendierten stärker zu eins, einer fand alle Konzepte gleichrangig gut, sofern sie etwas modifiziert würden, der fünfte Gutachter tendierte zu Nummer zwei, der sechste schließlich äußerte keine Präferenz.[52]

Direkt im Anschluss an die Gutachteranhörung kam erneut zum Ausdruck, dass die Chancen für das erste Konzept „kulturvergleichende Forschung“ nicht günstig standen. Ruft man sich die Kriterien in Erinnerung, die die Kommission in ihrem ersten Zwischenbericht formuliert hatte, durfte dies kaum überraschen. Die Vorschläge zur Institutionenanalyse und zur vergleichenden Sozialforschung waren direkt auf diese Kriterien – bereits hinreichende theoretische und methodologische Fundierung, breites Spektrum geeigneter Personen, Forschungsgegenstände und Probleme, die in einem überschaubaren Zeitraum durchgearbeitet werden konnten – bezogen. Dem konnte der Vorschlag zur kulturvergleichenden Forschung von Anfang an nicht gerecht werden. Dass es den Befürwortern dieses Konzepts nicht gelang, auf die derart vorentscheidend formulierten Kriterien Einfluss zu nehmen, mag mit Machtkonstellationen innerhalb der Kommission zusammengehangen haben. Wahrscheinlicher erscheint es indes, dass einige der Beteiligten diese Vorentscheidungen und die unausgesprochenen Prämissen, die die Arbeit der Kommission nicht zuletzt aufgrund der Starnberg-Erfahrung bestimmten, damals nicht erkannt oder zumindest deren Tragweite unterschätzt haben. Im Anschluss an die Anhörung gestand die Kommission ein, dass die kulturvergleichende Forschung aufgrund der Zusammensetzung des Expertenkreises „unter Umständen nicht ausreichend berücksichtigt worden sei“.[53]

Doch von nun an ging alles ausgesprochen schnell. Schon in der nächsten Sitzung im Juli 1983 wollte die Kommission einen Bericht an die Geisteswissenschaftliche Sektion abfassen und konkrete Personalvorschläge aussprechen. Dazu sollten alle auswärtigen Gutachter und die Kommissionsmitglieder schriftlich ihre Präferenzen und Empfehlungen übermitteln.[54] Um eine Kandidatur wurden dann diejenigen gebeten, deren Namen unter dem Strich am häufigsten genannt wurden:[55] Renate Mayntz, Rainer Lepsius, Joachim Matthes und Jack Goody, der als einziger ablehnte. Lepsius und Matthes durften daraufhin nicht mehr an den betreffenden Sitzungsteilen teilnehmen, womit sich die Kommission ihres soziologischen Sachverstandes beraubt sah. Eine Ergänzung erschien beim derart fortgeschrittenen Stand der Beratungen jedoch nicht mehr sinnvoll.[56]

Auf der dreitägigen Sitzung im Juli 1983 fielen die Würfel letztlich einigermaßen rasch. Für das „Institut für kulturvergleichende Forschung“ streuten die Namensvorschläge erheblich, und es zeichneten sich weniger klare Muster ab als für die Kombination Sozialforschung und Institutionenanalyse. Laut Protokoll betonten die Kommissionsmitglieder einhellig das Interesse an der Etablierung kulturanthropologischer Forschung, hielten es aber für zweifelhaft, ob man der Sektion tatsächlich in ihrer nächsten Sitzung eine konkrete Empfehlung vorlegen könne.[57] Außerdem unterrichtete Baltes die Kommission davon, dass er in Absprache mit Helmut Coing (Vizepräsident der MPG) Renate Mayntz gebeten habe, „ein Forschungsprogramm für ein Institut zu skizzieren, das die gesellschaftliche und die institutionelle Analyseebene verbinden würde“. Er habe „im besonderen allein Frau Mayntz“ angesprochen, da diese am häufigsten als Kandidatin genannt worden sei.[58]

Im weiteren Gespräch zeichnete sich laut Protokoll „im Rückgriff auch auf die Eindrücke und Gespräche“ während der letzten Sitzung die „positive Einstellung der Kommission zur Person und zu den konzeptionellen Vorstellungen von Frau Mayntz“ ab. Die Kommission hielt es sogar für möglich, der Sektion zu ihrer nächsten Sitzung einen entsprechenden Vorschlag zu präsentieren.[59] Zur kulturvergleichenden Forschung wollte man noch keine Empfehlung aussprechen und die Überlegungen erst noch weiter fortführen. Es folgte eine Diskussion über die nurmehr übrig gebliebenen Konzepte von Rainer Lepsius und Renate Mayntz.[60] Am Ende beschloss die Kommission einstimmig, der Sektion die Gründung eines sozialwissenschaftlichen Instituts unter der Leitung von Renate Mayntz zu empfehlen. Besonders betont wurden dabei Mayntz' Zielsetzung, von der Mesoebene her zwischen Mikro- und Makrosoziologie zu vermitteln sowie ihr Anspruch auf empirische Forschung. Darüber hinaus zeigte sich die Kommission überzeugt, dass Mayntz „in ungewöhnlichem Maße" dazu fähig sein würde, ein Institut aufzubauen und zu leiten.[61]

Renate Mayntz und die Komplexitätsfrage

Renate Mayntz, hieß es in der Empfehlung der Kommission, die im November 1983 in die Sektion und im März 1984 in den Senat ging, sei „der prominenteste Vertreter" der empirisch arbeitenden Organisationssoziologie in Deutschland sowie eine Forscherin und Gelehrte, die sich international hohe Reputation erworben habe.[62] Dies zeigten ihre „kooperativen Beziehungen" zu ausländischen Wissenschaftlern und Universitäten ebenso wie die verschiedenen Gastprofessuren, die sie seit den Fünfzigerjahren innegehabt hatte,[63] und ihre ausländischen Ehrendoktorwürden.[64] Alle Gutachten, die die Kommission im In- und Ausland eingeholt habe, hätten sich „außerordentlich positiv" zum avisierten Forschungsprogramm und zum Institutskonzept von Mayntz geäußert.[65] Das Programm sollte, damit leitete Mayntz ihren Vorschlag ein, den gegenwärtigen Mangel an empirisch fundierter und erklärungskräftiger Gesellschaftstheorie überwinden helfen. „Ziel des Forschungsprogramms ist es, die durch das komplexe Zusammenspiel von Vorgängen auf der institutionellen und individuellen Ebene bestimmte Eigendynamik hochentwickelter Gegenwartsgesellschaften und die daraus resultierenden Probleme für ihre weitere Entwicklung besser verstehen zu lernen."[66] Als neuartigen und theoretisch anspruchsvollen Ansatz hob sie die Kombination von Gesellschaftstheorie und empirischer Institutionenanalyse hervor.[67]

Wie viele ihrer Kollegen verwies Mayntz auf ein verbreitetes Krisengefühl, das jedoch in erster Linie einer subjektiven Wahrnehmung zu entspringen schien. Trotz aller politischen Steuerungsversuche gelinge es offenbar nicht, die Eigendynamik der Gegenwartsgesellschaften zu beherrschen; diese Einsicht führe zu wachsender Zukunftsunsicherheit in der Bevölkerung und kognitiver Unsicherheit unter den Sozialwissenschaftlern, die zuletzt immer wieder von unvorhergesehenen Entwicklungen – beispielsweise von der plötzlichen Technikfeindlichkeit oder dem Auftreten der Neuen Sozialen Bewegungen – überrascht worden seien.[68] Der Blick auf die Leistungen der Soziologie, so Mayntz auf dem Soziologentag 1984, erzeuge „ein mindestens ambivalentes Gefühl".[69] Wenn die Soziologen auch im einzelnen nicht alles vorhersagen könnten, müssten sie doch wenigstens in der Lage sein, die Entwicklungen, von denen sie überrascht wurden, als individuelle Erscheinungsformen eines gesellschaftlichen Musters zu erkennen. „Tatsächlich aber scheinen unsere Analysen nicht nur den realen Entwicklungen hinterherzuhinken; wir haben aus ihnen auch erstaunlich wenig für ein prinzipielles Verständnis der besonderen Dynamik hochkomplexer sozialer Systeme gelernt."[70]

Deutlich manifestierte sich im Forschungsprogramm für die MPG eine wissenschaftliche Neuorientierung von Renate Mayntz, die sich seit Mitte der Siebzigerjahre in ihren Arbeiten angedeutet hatte und in engem Zusammenhang mit den gesellschaftlichen Wandlungsprozessen der Zeit „nach dem Boom" stand: die Hinwendung zur Gesellschaftstheorie und ein stärkerer Akzent auf Grundlagenforschung. Ihre Studien zur Steuerungsthematik und Implementationsforschung führten Mayntz an die Grenzen der Möglichkeiten sozialwissenschaftlichen Wissens, die sich aus einer zunehmenden gesellschaftlichen „Komplexität" und „Dynamik" ergaben. Die modernen Gegenwartsgesellschaften zeichneten sich im Besonderen durch die Komplexität ihrer Binnenstruktur aus. Zu dieser Komplexität, die wiederum für eine erhebliche „interne Dynamik" sorgte, trugen ein hohes Maß an funktioneller Differenzierung, Interdependenzen und Friktionen zwischen den einzelnen Bereichen (die überdies durch spezifische Teilrationalitäten geprägt waren), eine Vielzahl von Akteuren und Handlungszentren (wodurch die Wahrscheinlichkeit unbeabsichtigter und unvorhergesehener Handlungsfolgen stieg) sowie internationale Verflechtungen und Abhängigkeiten bei.[71] Waren die Arbeiten von Renate Mayntz bislang durch einen starken thematischen und methodischen Fokus bestimmt gewesen, schienen die neuen Fragen zu ungewohntem Holismus zu zwingen. „Jedes reduktionistische Forschungsprogramm", hieß es in ihrem Vorschlag an die MPG, „d. h. alle Versuche der Rückführung auf ein oder wenige Wirkungsprinzipien – auch solche wie Rationalisierung, Spezialisierung oder Formalisierung – scheinen angesichts der dynamischen Komplexität der gesellschaftlichen Wirklichkeit von vornherein zum Scheitern verurteilt."[72] Dass da bei manchen MPG-Mitgliedern die Alarmglocken schrillten und der Teufel namens Starnberg an die Wand gemalt wurde, durfte angesichts der traumatischen Dimension der Starnberger Schließungsgeschichte kaum überraschen. Im Zusammenhang mit der Anhörung von Mayntz vor dem Senatsplanungsausschuss und mit der Frage des zweiten Direktors des geplanten Instituts wird darauf noch zurückzukommen sein.

„Komplexität" und „Dynamik" waren zwei Schlüsselbegriffe, die seit den späten Siebzigerjahren in Renate Mayntz' Publikationen auftauchten und eine veränderte Wahrnehmung und Problemkonzeption zum Ausdruck brachten. Die Implementation politischer Programme besaß, wie Mayntz 1977 festhielt, einen „komplexen Prozeßcharakter", und es nützte wenig, isolierte Faktoren zu betrachten, denn man hatte es mit „Faktorenkomplexen" und „komplexen Interdependenzen" zu tun, von denen das Prozessergebnis abhing: mit unendlich vielen möglichen Kombinationen von Problemstrukturen, politischen Programmen und Regelungsinstrumenten, Implementationsstrukturen und Charakteristiken des Adressatenfeldes sowie „komplizierend" hinzukommenden Tatsachen und Merkmalen, etwa den „Implementeuren" selbst.[73] Der politische Entscheidungsprozess ließ sich nur noch als „komplexer kollektiver Handlungsprozeß" analysieren,[74] der weder dezisionistischen noch mechanistischen Modellen entsprach. Diese waren Mayntz zufolge Anfang der Achtzigerjahre abgelöst durch „ein Modell, das von den Handlungssituationen und Strategien der in einem komplexen Makrosystem verbundenen Aktoren" ausgehe. Ins Blickfeld rückten nun etwa der Verhandlungscharakter von Interaktionen und die Netzwerkstrukturen von Handlungsfeldern.[75]

Angesichts dieser Komplexitäten erschien es nurmehr ausgesprochen schwierig, die wahrscheinlichen Wirkungen politischer Maßnahmen verlässlich vorherzusagen. Der Wissenschaftler sah sich für Mayntz mit der ungewohnten Erfahrung „kognitiver Unsicherheit" konfrontiert. Er konnte nämlich nicht mehr mit Aussagen des Typs „A beeinflusst B" oder „wenn A, dann B" operieren, sondern musste mit Aussagen über die Wirkungen spezifischer *Faktorenkombinationen* arbeiten, die sich *nicht auf einfache Kausalbeziehungen* zurückführen ließen. „Gerade im Erzeugen dieser Art von Wissen sind aber die Sozialwissenschaften nicht übermäßig gut."[76] Erschwerend hinzu kamen die Veränderungen in den Problem- und Regelungsfeldern. Hier fehlte es laut Mayntz an Kenntnissen über deren „interne Dynamik", und strukturelle Differenziertheit, funktionale Interdependenz und hohe Wandlungsgeschwindigkeit machten eine erfolgreich steuernde Politik in den modernen Gegenwartsgesellschaften zunehmend unwahrscheinlich.[77] Bei den Steuerungsinstrumenten waren dann sowohl mehr Flexibilität als auch neue Wege notwendig, etwa ein stärkerer Akzent auf Anreizen oder prozeduraler Regulierung.[78] Waren die Risiken politischer Maßnahmen nicht abzusehen und Wirkungsprognosen nicht möglich, bot es sich überdies an, in ausgewählten Teilpopulationen wie beispielsweise auf kommunaler oder Länderebene Testprogramme und Modellversuche durchzuführen.[79]

Die Politik stand vor neuen Problemen, die nach neuen und praktikablen Antworten verlangten, aber die Policy-Forschung jener Zeit erschien nicht mehr in der Lage, diese Antworten zu finden. So sei die Policy-Forschung, wie Mayntz 1982 zusammenfasste, bislang zu keiner empirischen Theorie gesellschaftlicher Problemverarbeitung (durch das politisch-administrative System) gelangt und der Brückenschlag zwischen einer Funktionsanalyse sozialer Makrosysteme und der Analyse konkreter Policy-Prozesse kaum ansatzweise geglückt.[80] Die Implementations- und Policy-Forschung stieß Mayntz in den Achtzigerjahren vor allem aber auch an die Grenzen jenes Wissenschaftsideals, als dessen Anhängerin sie, die zuerst ein naturwissenschaftliches Studium absolviert hatte, sich bis dahin verstanden hatte, nämlich an die Grenzen der analytischen Wissenschaftstheorie.[81]

Das empirische Testen von Hypothesen, um „gültige“ wissenschaftliche Aussagen zu gewinnen, die Verallgemeinerung von Aussagen, indem man Kausalzusammenhänge zwischen einzelnen Phänomenen herausarbeitete – dies ließ sich auf derart „komplexe Gegenstände“ wie Policy-Prozesse oder gesellschaftliche Systeme nur bedingt anwenden.[82] Für „komplexe Makrophänomene“ und „Aggregatphänomene – das heißt Phänomene mit zeitlich gebundenen Eigenschaften, dazu zählten Organisationen und administrative Prozesse – ließen sich keine anthropologischen Generalisierungen, Axiome oder universellen Wenn-dann-Verhaltensaussagen treffen, dies sei reduktionistisch. Überhaupt ging die Frage nach Generalisierungen am eigentlichen Erkenntnisinteresse vorbei, das für Mayntz darin bestand, die interne Dynamik des Systems vollständig zu *erfassen* und spezifische Prozesse zu *beschreiben* und zu *erklären*.[83] Da es dafür allerdings kaum adäquate, empirisch erhärtete Makrotheorien gab, hielt es Mayntz für sinnvoll, vorerst mit Ad-hoc-Erklärungen zu arbeiten.[84] Dies konnte aber wahrscheinlich auch nur auf den ersten Blick befriedigen. „Das Eingeständnis [...], kein Wissen, sondern nur wechselnde Situationsdefinitionen zu produzieren, muß zwangsläufig das Vertrauen in die Erklärungskraft unserer theoretischen Paradigmen zerstören.“[85] Die theoretische Herausforderung lag für Mayntz darin, die Überlagerung verschiedener Strukturen sowie die Vielfalt von Abhängigkeitsbeziehungen zu erfassen und die vielen – manchmal isoliert voneinander ablaufenden, dann wieder sich gegenseitig beeinflussenden – Prozesse gleichzeitig zu sehen. Dafür sei allerdings die theoretisch anspruchsvolle Makrosoziologie, etwa die Systemtheorie, zu abstrakt und zu selektiv. Werde nicht versucht, begriffliche Ordnungsschemata mit Empirie zu füllen, dann bleibe die Theoriebildung auf halbem Wege stecken.[86]

Genau diese notwendige Verbindung zwischen Empirie und Theorie sollte im neuen sozialwissenschaftlichen Max-Planck-Institut über den empirischen Zugang der Institutionenanalyse gelingen. Die Untersuchungen sollten an institutionellen Komplexen und Sektoren ansetzen, die zentrale Elemente der gesellschaftlichen Binnenstruktur konstituierten und damit Einblicke in die internen Systemdynamiken versprachen. Zu den Sektoren zählten das Gesundheitswesen, das Wissenschaftssystem, Politik und Verwaltung sowie die Wirtschaft. Die Sektoren differenzierten sich wiederum in eine Vielzahl formeller Organisationen, wie Unternehmen, Behörden, Krankenhäuser oder Hochschulen.[87] Gesellschaftstheoretische Anknüpfungspunkte, die einzeln genommen keine Erklärung der neuen Problemkonstellationen mehr bieten konnten, verortete Mayntz zuerst in den institutionellen und historischen Analysen Max Webers, in der soziologischen Systemtheorie, in der politikwissenschaftlichen Steuerungstheorie und im Umfeld der Modernisierungstheorie.[88] Die Institutionenanalyse bediente sich sodann einer Reihe von „Zulieferern" aus den Bindestrich-Soziologien, namentlich der Bildungs- und Wissenschaftssoziologie sowie der Verwaltungs- und Organisationsforschung. Da es Mayntz sehr daran gelegen war, die sozialen und institutionellen Folgen der Technik zu erforschen, wollte sie neue Ansätze aus der Technik- und aus der Industriesoziologie aufgreifen, hier im besonderen die Analyse integrierter sozio-technischer Systeme. Auch die Handlungsorientierungen und „cognitive maps" individueller Akteure sollten einbezogen werden.[89]

In ihrer Empfehlung an die Geisteswissenschaftliche Sektion und den Senat der MPG hob die Kommission besonders die Verbindung von theoretischer Orientierung und empirischer Forschung sowie die Verbindung von mikro- und makrosoziologischer Perspektive auf der Ebene von Institutionen hervor. Methodisch sollten die Forschungen nicht auf einen bestimmten Zugang festgelegt sein, sondern qualitative und quantitative Verfahren, Surveys und Fallstudien, historische und international vergleichende Analysen kombinieren.[90] Das Institut sollte mindestens zwei Abteilungen umfassen und in Abstimmung mit Mayntz alsbald ein zweiter Direktor berufen werden.[91]

Den Tiger reiten

Die Debatte in der Geisteswissenschaftlichen Sektion im November 1983 bewies, dass „Starnberg“ deutliche Spuren hinterlassen hatte und sich die MPG beim neuen Versuch explizit vom Starnberger Institut zu distanzieren suchte. Auf Bedenken stieß Mayntz' Aussage im Forschungsprogramm, dass „antragsreife“ Projektbeschreibungen zum jetzigen Zeitpunkt voreilig seien und eine Überforderung darstellen würden. „Es wurde an die Ausgangssituation bei Gründung des Starnberger Instituts erinnert, als die Sektion einem Projekt zugestimmt habe, das ebenfalls noch nicht in konkrete Fragestellungen gefaßt werden konnte. Vor diesem Hintergrund erscheine es problematisch, auf Grund des derzeitigen Kenntnisstandes einen Beschluß zu fassen.“[92] Dieser Einwand ist dann aber in der anschließenden Debatte von Mitgliedern der Kommission weitgehend entkräftet worden, denn die Sektion beschloss am Ende einstimmig die Gründung eines „Max-Planck-Instituts für soziologische Forschung“ und die Berufung von Renate Mayntz. „Eine Parallele zu Starnberg“, hieß es aus der Kommission, „könne nicht gezogen werden. Seinerzeit habe man weitgehend Neuland betreten. Bei der Makrosoziologie handele es sich dagegen um ein etabliertes Gebiet.“ Das Programm ziele nicht „auf einen primär ideologiegesteuerten, sondern theoriegeleiteten Erkenntnisprozeß“, und Mayntz habe überdies über viele Jahre ihre Fähigkeit zur Forschungsorganisation bewiesen.[93] Beides spielte auf vielfach beklagte Schwächen des früheren Instituts an, namentlich seine politische Orientierung und neomarxistische Forschungsansätze, und auch in der Frage des zweiten Direktors ergab sich ein unübersehbarer Bezug zu Starnberg. Die Sektion kam hier zu dem Ergebnis, dass der zweite Direktor bereit sein müsse, das Programm mitzutragen, da sonst eine „Zweiteilung des Instituts“ drohte. Vor allem MPG-Präsident Lüst betonte, dass das Institut nur als eine Einheit geführt werden könne. Sei eine entsprechende Ergänzung nicht möglich, werde es nur ein von Frau Mayntz alleine geleitetes Institut geben.[94] Genau so sah es der Verwaltungsrat, der die „thematische Einheit“ des Instituts schon allein durch die Existenz von zwei Abteilungen gefährdet sah.

Man müsse, so Lüsts Nachfolger im Präsidentenamt Heinz Staab (1984–1990), die Entwicklung des Instituts besonders aufmerksam verfolgen und dürfe keine irreversiblen Personalentscheidungen treffen, die über die aktive Dienstzeit von Mayntz hinausgehen würden.[95]

Bereits vor der Debatte in der Geisteswissenschaftlichen Sektion hatte der Senatsausschuss für Forschungspolitik und Forschungsplanung zwei Entscheidungen getroffen, die illustrierten, dass ein positives Votum der Sektion kein Selbstläufer war. Zum einen sollten an der Sitzung der Geisteswissenschaftlichen Sektion Vertreter der beiden naturwissenschaftlichen Sektionen teilnehmen, und zum anderen wollte man Renate Mayntz auf Bitten des Direktors des MPI für biologische Kybernetik Werner Reichardt im Senatsausschuss persönlich anhören. Dabei sollte es um die Frage gehen, ob die Untersuchung von „Wechselwirkungen" zwischen Institutionen und Gesellschaft nicht die Mitwirkung „kompetenter Physiker, Mathematiker und Systemanalytiker" erfordere.[96] Dies bedeutete, dass die Naturwissenschaftler eventuell Mitsprache an der Konzeption der Forschungsprojekte beanspruchten, was die Kommissionsarbeit der vorangegangenen zweieinhalb Jahre weitgehend obsolet gemacht hätte. In der Anhörung konnten sich die Naturwissenschaftler im Senatsausschuss ein persönliches Bild der Kandidatin machen und ihr Verhältnis zu Naturwissenschaften und Technik ausleuchten. Wiederum bildete Starnberg den Hintergrund, denn besonders einigen Physikern in der MPG galt Carl Friedrich von Weizsäcker als Abtrünniger, der dem Renommee der Naturwissenschaften nachhaltig geschadet hatte, seit er die negativen Folgen technischen und wissenschaftlichen Fortschritts ins Zentrum seines Starnberger Forschungsprogramms gestellt hatte.

Die Anhörung von Renate Mayntz drehte sich um drei Aspekte: die Frage der Machbarkeit, die Rolle naturwissenschaftlicher Theorien und Begriffsangebote und den Vorwurf ideologisch verbrämter sozialwissenschaftlicher Forschung.[97] Die Machbarkeit, das heiße: „konkrete Erträge", benannte Mayntz als eine ihrer wichtigsten Prioritäten. Die Frage, ob das Konzept nicht zu groß sei, um umgesetzt werden zu können, nahm sie ausgesprochen ernst. Vom theoretischen Anspruch gehe es über den Großteil ihrer bisherigen Arbeit hinaus, und auch das empirische Programm sei sehr anspruchsvoll. Die Möglichkeiten der Übertragbarkeit naturwissenschaftlicher Theorien und Begriffe auf sozialwissenschaftliche Fragestellungen zu erläutern, gelang ihr mit Verweis auf ihre naturwissenschaftliche Prägung offenbar in überzeugender Manier.[98] Zum Ideologievorwurf hielt sie fest, sie sei nicht an einer Kulturkritik der technischen Entwicklung, sondern an einer Einbeziehung der Technik als Bestimmungsfaktor sozialer Strukturen und Prozesse interessiert. Bestimmten ideologisch definierten Schulen oder Flügeln werde sie nicht zugerechnet und ebenso wenig für politische Richtungen reklamiert. Von dem Vorschlag, das Institut allein zu leiten, zeigte sie sich allerdings überaus überrascht, sie habe die Berufung eines zweiten Direktors für eine Prämisse und für gut gehalten.[99]

Der Senatsplanungsausschuss votierte schließlich wie der Verwaltungsrat für die Gründung des Instituts mit dem Programm und unter der Leitung von Renate Mayntz, jedoch zunächst nur mit einer Abteilung. Mit Mayntz wollte man dann „zu gegebener Zeit“ erörtern, ob die Berufung eines weiteren wissenschaftlichen Mitglieds „evtl. auf einer C3-Position“ notwendig erschien.[100] Die Debatte im Senat scheint dann, vergleicht man sie mit den Diskussionen um das Starnberger Institut, regelrecht harmonisch verlaufen zu sein. Kurt Biedenkopf, damals Vorsitzender der nordrhein-westfälischen CDU, betonte, wie sehr es noch immer an empirischen Kenntnissen über die Funktionsweise von Institutionen mangele und dass über die Wechselbeziehungen zwischen Institutionen und Gesellschaft zu wenig bekannt sei, wodurch etwa politisches Handeln immer wieder zu anderen Ergebnissen als angestrebt führe.[101] Der bayerische Kultusminister Hans Maier (CSU) begrüßte das neue Konzept und – „nach der Vorgeschichte und den Erfahrungen mit dem Starnberger Institut“ – die Absicht, sich intensiver mit empirischen Fragen zu beschäftigen. Mayntz sei „eine der wenigen Persönlichkeiten, die sich dem Systemzwang – Empirie oder Theoriebildung – nicht unterworfen, sondern ihr eigenes wissenschaftliches Programm konsequent verfolgt“ hätten.[102]

Gerade hieran zeigte sich die politische Dimension des Gründungsprozesses, die in den Diskussionen der Findungskommission kaum aufschien. Anders als Carl Friedrich von Weizsäcker, Jürgen Habermas und Ralf Dahrendorf war Renate Mayntz keine politische Intellektuelle, die öffentlich Position bezog und sich in den großen gesellschaftlichen Debatten der Zeit exponierte. Sie war weder durch Kultur- noch durch Systemkritik hervorgetreten, und trotz ihres Engagements für die gesellschaftlichen Reform- und Planungsprojekte namentlich der sozialliberalen Regierung während der Kanzlerschaft Willy Brandts galt sie nicht als „politisch“ und damit lagergebunden. Als sie von der MPG-Findungskommission als auswärtige Expertin eingeladen worden war, hatte genau dies explizit eine wichtige Rolle gespielt.

Nach Starnberg konnte es in der MPG nur ein sozialwissenschaftliches Institut geben, dessen wissenschaftliche und politische Ausrichtung den Skeptikern und ausgewiesenen Gegnern des Starnberger Instituts vermittelbar war. Die politischen Friktionen und Kontroversen der Siebzigerjahre hatten, wie nicht nur die Debatten um Starnberg, sondern ebenfalls die Diskussionen im Umfeld der Satzungsreform von 1972 um die Frage der Mitbestimmung zeigten, auch die Max-Planck-Gesellschaft erfasst und zu Konflikten in ihren Gremien geführt. Es dürfte kaum im Interesse der Führungsspitze und der Mehrzahl der Wissenschaftlichen Mitglieder gelegen haben, diese Konflikte zu vertiefen. Vielmehr war in Sachen Sozialwissenschaften eine institutionelle Lösung gefordert, die auf einem breiten Konsens innerhalb der Geisteswissenschaftlichen Sektion, zwischen den drei Sektionen und der politischen Vertreter im Senat gründete. Denn zum einen musste es darum gehen, die Risse innerhalb der MPG zu reparieren und damit den inneren Zusammenhalt der Wissenschaftsorganisation zu stärken. Zum anderen hätte eine politisch und kontrovers geführte Gründungsdebatte erneut das Interesse der Medien auf sich ziehen können und das Image der MPG in der Öffentlichkeit, das durch das langjährige Hickhack um Starnberg gelitten hatte, möglicherweise weiter beschädigt. Aus diesem Grund musste der Gründungsprozess diskret ablaufen und mit einem tragfähigen Ergebnis abgeschlossen werden. Insbesondere MPG-Präsident Lüst schien dabei unter

Druck, da erst die maßgeblich von ihm initiierte Berufung von Ralf Dahrendorf gescheitert war und auch der letzte Anlauf mit Jürgen Habermas und Franz Weinert in einer unerfreulichen Schlammschlacht geendet hatte. Die MPG musste der Öffentlichkeit und der Fachwissenschaft beweisen, dass sie bereit und in der Lage war, sozialwissenschaftliche Forschung zu betreiben.

Renate Mayntz, so scheint es, bot die perfekte Antwort auf diese Notwendigkeiten. Sie war nicht nur eine hochqualifizierte und international anerkannte Wissenschaftlerin, sondern ließ sich keinem politischen Lager zuordnen und äußerte anders als von Weizsäcker und Habermas nicht die Absicht, sich mit politisch kontroversen Themen zu befassen. Ihre Betonung von Empirie beruhigte diejenigen, die hinter zu viel Theorie Ideologie vermuteten, und ein Politiker wie Biedenkopf sah in ihren Forschungen einen dringend benötigten Nutzen für die Politik. Gleichzeitig garantierte der Schwerpunkt auf Grundlagenforschung, dass sich das neue Institut nicht unmittelbar in politische Fragen einzumischen und Anwendungswissen zu produzieren gedachte. Schwer zu greifen bleibt, ob Mayntz auch deshalb erfolgreich war, weil ihre Art zu denken sowie ihr Zugang zur sozialen Welt kompatibler mit den Denklogiken und erkenntnistheoretischen wie methodologischen Prämissen einer naturwissenschaftlich geprägten Wissenschaftsorganisation waren als etwa genuin geisteswissenschaftliche Traditionen.[103] Man traute Mayntz überdies eine professionelle Leitung des Instituts zu, die die Umsetzung ihres Forschungsprogramms und damit konkrete Ergebnisse sicherstellen würde. Und schließlich konnte die MPG, auch wenn dies damals in keinem einzigen der diversen Gremien zur Sprache kam, mit Mayntz nach Margot Becke die zweite weibliche Direktorin in ihrer Geschichte berufen.[104]

Am 9. März 1984 beschloss der Senat einstimmig die Gründung eines vorläufig so genannten „Max-Planck-Instituts auf dem Gebiet der Institutionenanalyse“ und die Berufung von Renate Mayntz.[105] Trotz der Bedenken in der MPG hinsichtlich des zweiten Direktors ging der Stellenplan von zwei C4-Stellen aus. Nach einer dreijährigen Aufbauphase (1985 bis 1987) sollte das Institut zwölf bis 14 wissenschaftliche Planstellen umfassen (plus 15 für nicht-wissenschaftliches Personal) sowie die Mittel für etwa acht Stipendiaten pro Jahr. Die geschätzten Betriebskosten nach der Aufbauphase beliefen sich auf 2,9 Millionen D-Mark jährlich.[106] Als Standort bevorzugte Mayntz Köln, wo sie am Institut für Sozialforschung der Universität seit 1973 einen Lehrstuhl für Soziologie innehatte. Neben Köln präsentierten sich Bielefeld, Nürnberg und Freiburg als geeignete Standorte, konnten sich aber nicht gegen Köln durchsetzen.[107]

Zur Namensgebung des Instituts verfasste Mayntz ein Memorandum, dessen Argumentation einem Muster folgte, das in vielen ihrer Aufsätze zu finden ist. Zuerst umriss sie Gegenstand und Zielkriterien ihrer Überlegungen. Der Name sollte ihr Forschungsgebiet möglichst zutreffend bezeichnen, keine falschen Assoziationen heraufbeschwören, nicht wertend oder gefühlsmäßig belastet sein sowie sprachlich ansprechen, möglichst kurz sein und sich gut übersetzen lassen. Danach dekonstruierte sie den vorläufigen Titel und präsentierte zwölf Alternativen. Diese Alternativen wurden von ihr durchaus ernst genommen und gewissenhaft diskutiert, um dann zum Großteil umso entschlossener verworfen zu werden. Am Ende blieb eine Rangliste von fünf Namen übrig, an deren erster Stelle „MPI für Gesellschaftsforschung" stand.[108] Die Findungskommission und die Geisteswissenschaftliche Sektion folgten dieser Präferenz, ohne davon allzu überzeugt zu sein, doch bessere Alternativen fanden auch sie nicht.[109] Am 23. November 1984 beschloss der Senat einstimmig die Gründung des Instituts unter dem Namen „MPI für Gesellschaftsforschung" mit Standort in Köln.[110] Die Aufbauphase startete am 1. Januar 1985, im April waren die Räumlichkeiten bezugsfertig, es begann die Einrichtung der Bibliothek, und nach und nach wurden Mitarbeiter eingestellt. Am Ende des ersten Jahres waren am Institut neben Mayntz fünf hauptamtliche wissenschaftliche und sechs nicht-wissenschaftliche Mitarbeiter, vier studentische Hilfskräfte sowie fünf Doktoranden und Stipendiaten tätig.[111]

Die wichtigste Personalentscheidung für die zukünftige Entwicklung des Instituts fiel ebenfalls im ersten Aufbaujahr: die Berufung eines zweiten Direktors. Die unabdingbare Voraussetzung hatte Mayntz 1983 in ihrer Konzeption für das neue Institut benannt. Der zweite Direktor musste bereit und fähig sein, ihr

Programm mitzutragen, und durfte ihre eigenen Kompetenzen nicht verdoppeln, sondern musste sie ergänzen.[112] Die besonderen Herausforderungen kollegialer Leitungsstrukturen beschäftigten Mayntz nicht erst im Zusammenhang mit ihrem neuen Institut. Zugleich setzte sie sich damit in einer wissenschaftlichen Studie über das Management außeruniversitärer Forschungseinrichtungen auseinander, in der sie ihre Erfahrungen aus diversen wissenschaftlichen Beiräten und die Stellungnahmen zahlreicher Kollegen verarbeitete. Das Konfliktpotential kollegialer Leitungsstrukturen erwuchs danach in der Regel aus den Widersprüchen, die der individuelle Wunsch nach Eigenständigkeit und der Zwang zur Gemeinsamkeit erzeugten.[113] Eine gleichberechtigte duale Leitung, mit einem integrierten Forschungsprogramm und ohne Abteilungsgliederung wie im Kölner Fall, hielt Mayntz für ausgesprochen schwer zu realisieren. Dazu mussten die persönlichen genau so wie die wissenschaftlichen Voraussetzungen stimmen, doch bei namhaften Wissenschaftlern mit ausgeprägtem Profil erschien die Wahrscheinlichkeit, dass sich tatsächlich zwei Personen für ein bestimmtes Forschungsprogramm gleich stark engagieren würden, extrem gering.[114] Mit Fritz Scharpf meinte Mayntz jedoch, den einzigen passenden Kollegen gefunden zu haben, wie sie dem MPG-Präsidenten Staab im Dezember 1984 mitteilte.[115]

Da Scharpf im Begriff war, das Wissenschaftszentrum Berlin zu verlassen, ihm bereits alternative Angebote vorlagen und Mayntz ihn an der Aufbauphase des Instituts beteiligen wollte, verbot sich ein längeres Hin oder Her. Darüber hinaus stand hinter dem Wunschkandidaten von Mayntz nun das Gewicht einer Institutsdirektorin und eines Wissenschaftlichen Mitglieds der Max-Planck-Gesellschaft. Der Berufungsvorschlag ging schließlich einstimmig durch die Geisteswissenschaftliche Sektion und den Senat.[116] Damit war eine ungemein wichtige Strukturentscheidung gefällt, auf die noch viele andere folgen sollten. „Jede Organisationsform, jedes Finanzierungsverfahren, jede Art der arbeitsrechtlichen Beziehung zu den Mitarbeitern, jede Regelung von Verfahren bei der Repräsentation von Mitarbeiterinteressen, der Leistungsevaluation oder der Entwicklung von Forschungsthemen“, das schrieb Mayntz 1985 in ihrer Studie zum Forschungsmanagement, „scheint an irgendeiner Stelle auf einem spannungsgeladenen Kontinuum zu liegen, dessen Pole zwei gegensätzliche Werte maximieren." Dies sei der Grund, aus dem es keine unproblematischen organisatorischen Lösungen gebe – sondern nur „den Versuch, den Tiger zu reiten, die Spannungen auszugleichen und das Abgleiten in das eine oder andere Extrem zu verhindern". Für den Leiter einer Forschungsorganisation sei die Notwendigkeit, Scylla *und* Charybdis zu vermeiden, keine nur einmal zu absolvierende Heldentat, sondern nie endendes Alltagsgeschäft.[117] Dass dieses Geschäft von Erfolg gekrönt sein sollte, zeigt die mit Blick auf Starnberg alles andere als selbstverständliche Tatsache, dass das Institut die Emeritierung seiner Gründerin überlebte und 2009 sein 25-jähriges Bestehen feiern kann.

Zusammenfassung

Die Gründung des Max-Planck-Instituts für Gesellschaftsforschung 1984 war das Resultat einer pragmatischen Wende der Max-Planck-Gesellschaft in ihrem Umgang mit den Sozialwissenschaften. Mit dem ersten Versuch, neben dem MPI für Bildungsforschung in Berlin ein weiteres sozialwissenschaftliches Institut zu etablieren, war die MPG 1981 gescheitert. Das 1970 eingerichtete Max-Planck-Institut zur Erforschung der Lebensbedingungen der wissenschaftlich-technischen Welt in Starnberg hatte sich als misslungenes Experiment herausgestellt. Die lange, zermürbende Diskussion über das Starnberger Institut war in einem Debakel zu Ende gegangen, das die Presse süffisant kommentiert und das dem Ansehen der MPG erhebliche Kratzer zugefügt hatte. Der zweite Versuch musste gelingen, das neue Institut musste ein Institut mit Erfolgsgarantie sein. Für die MPG hieß es deshalb, mit der Kölner Neugründung jene Fehler und Probleme zu vermeiden, die zum Scheitern des Starnberger Instituts beigetragen und ihr öffentliche sowie interne Kritik eingebracht hatten.

Die pragmatische Wende der MPG zeigte sich am deutlichsten in der Abkehr vom holistischen Ansatz, der das Programm des Starnberger Instituts bis zur Emeritierung seines Gründungsdirektors Carl Friedrich von Weizsäcker bestimmt hatte. War das Forschungsprogramm in Starnberg zeitlich und thematisch äußerst offen gewesen, zeichnete sich das Kölner Gründungsprogramm durch einen präzise definierten inhaltlichen Fokus und die Umsetzbarkeit in konkreten, in überschaubaren Zeiträumen zu realisierenden Forschungsprojekten aus. Die interdisziplinäre Breite von Starnberg wich einer Konzentration auf die Kerndisziplinen Soziologie und Politikwissenschaft. Darüber hinaus zog sich die MPG mit dem MPI für Gesellschaftsforschung aus dem verminten Terrain politisch kontroverser Themen zurück, mit denen sich die Wissenschaftler des Starnberger Instituts bevorzugt und öffentlichkeitswirksam beschäftigt hatten.

Partiell wären diese Korrekturen bereits mit dem Max-Planck-Institut für Sozialwissenschaften vollzogen worden, mit dem Jürgen Habermas und Franz Weinert die Nachfolge des so umbenannten Max-Planck-Instituts zur Erforschung der Lebensbedingungen der wissenschaftlich-technischen Welt hätten antreten wollen. Doch es war erst die formelle Schließung des Instituts im Mai 1981, die jenen Neuanfang ermöglichte, den sich schon Ralf Dahrendorf 1979 und ebenso Habermas bis zu seinem Rücktritt im April 1981 vergeblich erhofft hatten. Beide hätten mehrere Mitarbeiter Carl Friedrich von Weizsäckers übernehmen müssen. Dahrendorf wäre dadurch in die personalpolitischen Konflikte hineingezogen worden, die Habermas damals bereits seit einigen Jahren mit von Weizsäcker austrug und die wohl 1975 maßgeblich zur Teilung des Instituts in zwei Arbeitsbereiche beigetragen hatten. Jürgen Habermas schließlich sah sich 1981 nicht in der Lage, mit den verbliebenen Mitarbeitern des Weizsäcker-Bereiches in einem Institut zu arbeiten. Am Beispiel des Starnberger Instituts offenbarte sich ein grundlegendes Strukturproblem der Max-Planck-Gesellschaft: eine mangelnde personelle Flexibilität auf der Ebene von Mitarbeiterstellen, die aus der damals gängigen Praxis unbefristeter Verträge resultierte und die Umstrukturierung von Instituten sowie die Neuberufung von Direktoren erschwerte. Dies änderte sich erst mit dem Hochschulrahmengesetz von 1985, das befristete Arbeitsverhältnisse erleichterte.

Der Rücktritt von Jürgen Habermas und die unmittelbar folgende Institutsschließung standen am Ende eines zähen und langwierigen Prozesses. Die Diskussion über die Zukunft des Starnberger Instituts hatte bereits 1975 begonnen. Zuerst hatten die MPG-Gremien die Berufung eines dritten Direktors für einen neuen, ökonomischen Arbeitsbereich abgelehnt. Danach hatte ab 1977 eine Kommission der Geisteswissenschaftlichen Sektion über die zukünftige Struktur und Ausrichtung des Instituts beraten. Die geplante Berufung Ralf Dahrendorfs führte zu einer lebhaften öffentlichen Debatte und provozierte Widerstand in Teilen des politisch konservativen Lagers, die eine Fortsetzung der Bonner sozialliberalen Koalition innerhalb der MPG monierten. Hieran zeigte sich ein weiteres Problem, mit dem sich die Max-Planck-Gesellschaft im Zusammenhang mit dem Starnberger Institut über viele Jahre konfrontiert sah und das in ihren Gremien wiederholt Auseinandersetzungen zur Folge hatte: Das Institut galt im Verständnis der Öffentlichkeit wie vieler seiner Mitarbeiter als „linkes" und „politisches" Institut. Als politische Intellektuelle scheuten sich seine Direktoren nicht, in den öffentlichen Debatten und Meinungskämpfen der Siebzigerjahre Position zu beziehen und das Streitgespräch zu suchen. In den hitzigen, oft ins Ideologische abdriftenden Lagerkämpfen zwischen den außerparlamentarischen Protestbewegungen sowie der Neuen Linken auf der einen, den etablierten Parteien und neuen Konservativen auf der anderen Seite hatte das Starnberger Institut seinen festen Platz. Es spaltete in Befürworter und Gegner, was eine unvoreingenommene Beurteilung seiner wissenschaftlichen Leistungen erschwerte.

Vor dieser Schwierigkeit standen ebenfalls die MPG-Gremien. Jede Struktur- und Personalentscheidung wurde de facto zu einer politischen Entscheidung. Der Beschluss der MPG, den Arbeitsbereich von von Weizsäcker zu schließen, rief denn auch einen Sturm der Entrüstung hervor. „Kritische" Wissenschaftler, so der Verdacht bei vielen der Starnberg-Befürworter in Presse und Öffentlichkeit, sollten nun mundtot gemacht, „unbequeme" Fragen unter den Teppich gekehrt werden. Dass der holistische Anspruch des Instituts in der Forschungspraxis nicht einzulösen war, dass die interdisziplinäre Breite viele der Wissenschaftler, die sich mit fachfremder Materie beschäftigten, überforderte und das Forschungsprogramm überfrachtete, erschien nicht allen plausibel.

Überhaupt dominierte in den Debatten um die Zukunft des Starnberger Instituts oft eine personenzentrierte Argumentation, hinter der die forschungspolitischen Grundsatzfragen, welche Art von Sozialwissenschaften die MPG fördern wollte und wie sie sich damit in der nationalen und internationalen Forschungslandschaft zu verorten gedachte, zurücktraten. In der Presse begründete der Präsident der MPG Reimar Lüst den Schließungsbeschluss zu allererst damit, dass von Weizsäcker als Integrationsfigur letztlich nicht adäquat zu ersetzen war. Deutlich drückte sich darin die Tradition des Harnack-Prinzips aus, das die Gründung des Starnberger Instituts 1970 geprägt hatte. War im Gründungsverfahren der „Autorität“ des Wissenschaftlers von Weizsäcker entscheidendes Gewicht zugekommen, so stand auch bei der Berufung Ralf Dahrendorfs die Person im Vordergrund. Erst die Diskussionen der frühen Achtzigerjahre über die Gründung des Kölner Instituts kreisten um grundsätzliche inhaltliche und forschungsstrategische Fragen. Nicht um Personalpolitik, sondern um Forschungspolitik ging es nun zuerst. Die 1981 eingesetzte Kommission erarbeitete verschiedene Konzeptionen für ein sozialwissenschaftliches Institut und befasste sich erst im zweiten Jahr ihres Bestehens mit der Frage nach geeigneten Direktoren.

Gleichwohl begannen die konzeptionellen Überlegungen erstens nicht bei Null. Nach der Schließung des Starnberger Instituts stand die MPG vor einer Reihe von Notwendigkeiten, die das Ergebnis der Debatten maßgeblich beeinflussten und die Ausrichtung des neuen Instituts in Teilen vorbestimmten. Nur selten sind diese Notwendigkeiten in der Findungskommission explizit als solche benannt worden, und nicht alle Mitglieder der Kommission waren sich ihrer im gleichen Maße bewusst. Zweitens spiegelten sich in den konzeptionellen Diskussionen jene Umbrüche und Neuorientierungen wider, die die Entwicklung von Sozialwissenschaften und Soziologie seit Mitte der Siebzigerjahre, in der Zeit „nach dem Boom“, prägten. Beides – die Notwendigkeiten in der MPG wie die Neuorientierungen in den Sozialwissenschaften – wurden zunächst im Konzept für ein „Institut für kulturvergleichende Forschung“ augenfällig.

Hierbei handelte es sich um eines von drei Institutskonzepten, das der damalige DGS-Vorsitzende Joachim Matthes für die Kommission formulierte. Matthes zählte Anfang der Achtzigerjahre zu den prononcierten Kritikern in der Soziologie. Wie viele seiner Kollegen stellte er damals die Frage, ob das Fach noch in der Lage war, die tiefgreifenden gesellschaftlichen Wandlungsprozesse angemessen erfassen und mit den herkömmlichen Methoden einen Zugang zur gesellschaftlichen Wirklichkeit finden zu können. Viele Bereiche von Gesellschaft, Wirtschaft und Politik waren in den Siebzigerjahren Veränderungen unterworfen, deren neue Qualität beispielsweise im Analyserahmen der „industriellen Gesellschaft" oder mit der klassischen Modernisierungstheorie nicht mehr greifbar erschien. Nicht mehr konstantes, hohes Wirtschaftswachstum und Vollbeschäftigung, sondern globale Konjunkturschwankungen, niedrigere Wachstumsraten und hohe Arbeitslosenquoten prägten die Entwicklung der Bundesrepublik. Wissenschaftler und Politiker verhandelten über die Zukunft des Sozialstaats und die Rolle des Staates überhaupt, allenthalben war von einem gesamtgesellschaftlichen Wertewandel die Rede, den viele mit einem Werteverfall gleichsetzten. Die außerparlamentarischen und Neuen Sozialen Bewegungen adressierten vor den etablierten Parteien neue Probleme und Herausforderungen, zuerst das Thema Umwelt. Mehr und mehr fragte man nach den ökologischen und sozialen Risiken sowie den unerwünschten Folgen technischen Fortschritts, ganz besonders der Atomkraft, und unbegrenzten Wachstums. Daran hatte das Starnberger Institut einen wichtigen Anteil, denn diese Themen machten einen der Kernbereiche seines Forschungsprogramms aus.

Mit dem gesellschaftlichen Wandel veränderte sich der Gegenstand sozialwissenschaftlicher Forschung, und in den Jahren nach der Expansion des Faches und des Booms sozialwissenschaftlichen Expertenwissens setzte in der Profession eine Phase der Selbstreflexion ein. Dabei ging es nicht allein um eine Suche nach neuen Theorien, Methoden und Ansätzen. Man konstatierte die „Politisierung" der wissenschaftlichen Experten, deren Autorität durch fehlerhafte Prognosen und den Aufstieg von Gegenexperten zunehmend in Frage gestellt wurde. Die öffentliche Skepsis gegenüber wissenschaftlichem und technischem Fortschritt fand ihre Entsprechung bei den Wissenschaftlern selbst. Die Verwendung ihres Beratungswissens hatte nicht immer so funktioniert, wie sie es sich vorgestellt hatten, und die „Soziologisierung" weiter Bereiche des öffentlichen Lebens hatte ihre Begriffe und Deutungen der Sphäre wissenschaftlicher Kontrolle entzogen. Anders als noch in den Sechzigerjahren befasste man sich mit Defiziten des eigenen Faches und fragte nach den Möglichkeiten, mit denen man ihnen begegnen konnte. Joachim Matthes' Antwort war eine Absage an viele der bisherigen Selbstverständnisse und Verfahrensweisen der soziologischen Forschung, an deren Stelle kulturanthropologische und ethnologische Theorien und Methoden treten sollten. In seinem Vorschlag für ein kulturvergleichendes Forschungsinstitut bündelten sich zahlreiche Forderungen des „cultural turn", der neben der Pluralisierung von Theorien, Methoden und Forschungsansätzen die Neuorientierungen der Soziologie seit den Achtzigerjahren kennzeichnete. Den Wünschen der MPG nach handfester Empirie und einem soliden, umsetzbaren Forschungsprogramm kam Matthes Vorschlag jedoch nicht genug entgegen, und ein erneutes Experiment war nach Starnberg weder in der Geisteswissenschaftlichen Sektion noch im Senat vermittelbar.

Erfolg versprachen erst Renate Mayntz und ihr Forschungsprogramm, das sie auf Wunsch der Findungskommission im Juli 1983 erstmals skizzierte. Zum Beginn der Achtzigerjahre war Mayntz an die Grenzen der Policy- und Implementationsforschung sowie an die Grenzen sozialwissenschaftlichen Wissens gestoßen, und in ihrem Programm manifestierte sich eine wissenschaftliche Neuorientierung, die sich seit dem Ende der Siebzigerjahre in ihren Forschungen angedeutet hatte. Mayntz hatte zu jener wissenschaftlichen Beratungselite gehört, die sich ungefähr ab Mitte der Sechzigerjahre im Kontext der Reform- und Planungsprojekte der Bundesregierung formiert hatte. Nach der Großen Koalition unter Kurt Georg Kiesinger war es die sozialliberale Koalition unter Willy Brandt, die sich eine umfassende Modernisierung von Politik, Verwaltung und Gesellschaft auf die Fahnen geschrieben hatte. Renate Mayntz war Mitglied des Bildungsrates, der Projektgruppe Regierungs- und Verwaltungsreform sowie der Studienkommission zur Reform des öffentliches Dienstrechtes gewesen. Dieses Engagement lässt sich wesentlich mit den spezifischen Erfahrungen und Selbstverständnissen ihrer Generation erklären, der so genannten „Fünfundvierziger", zu denen ebenfalls Jürgen Habermas, Ralf Dahrendorf und Niklas Luhmann zählten. Diese Generation prägte die westdeutsche Soziologie der Sechziger- und Siebzigerjahre wie keine andere. Vor dem Hintergrund der NS-Zeit galt die Bundesrepublik Mayntz wie vielen ihrer gleichaltrigen Kollegen als ein Projekt der Modernisierung und Reform. Das Ziel war es, eine stabile, rechtsstaatliche Demokratie sowie die offene, pluralistische Gesellschaft zu festigen und vor Gefahren zu bewahren. Dabei kam dem Sozial- und Wohlfahrtsstaat eine zentrale Rolle zu, und das politisch-administrative System sollte mit Hilfe wissenschaftlicher Expertise dazu fähig sein, effektiv zu planen, zu steuern und zu gestalten. Die empirische Sozialforschung, die Mayntz vertrat, schien die soziale Wirklichkeit objektiv erfassen und pragmatische Lösungen für gesellschaftliche und politische Probleme entwickeln zu können.

In der Praxis offenbarten sich allerdings rasch Hindernisse. Bei der Umsetzung politischer Steuerungsvorhaben stießen Mayntz und ihre Kollegen auf Vollzugsdefizite und Wirkungsmängel, die sie ihrerseits zum Gegenstand wissenschaftlicher Untersuchung machten. Zum Ende der Siebzigerjahre war Mayntz zu dem Schluss gekommen, dass die Ursachen für die Defizite nicht allein in den komplexen Eigenschaften des Policy-Prozesses zu finden waren, sondern außerdem in der Beschaffenheit der Problemfelder und in beschränkten Möglichkeiten sozialwissenschaftlichen Wissens lagen. Das verfügbare sozialwissenschaftliche Wissen umfasste lediglich Aussagen über einfache Kausalbeziehungen, nicht hingegen über komplexe Faktorenkombinationen. Die modernen Gegenwartsgesellschaften der 1970er- und 1980er-Jahre zeichneten sich für Mayntz aber gerade durch eine ausgesprochene „Komplexität“ ihrer Binnenstruktur aus, mit der wiederum erhebliche „Dynamiken“ verbunden waren. Funktionale Differenzierung und Interdependenzen zwischen den einzelnen Sektoren, zahllose Akteure und Handlungszentren, internationale Verflechtungen und Abhängigkeiten sowie die hohe Geschwindigkeit technologischen, gesellschaftlichen und wirtschaftlichen Wandels machten Aussagen vom Typ „wenn A, dann B“ und damit verlässliche Prognosen über die Wirkungen politischer Maßnahmen unmöglich. Eine erfolgreich steuernde Politik erschien somit unwahrscheinlich, und der Wissenschaftler sah sich laut Mayntz mit ungewohnter kognitiver Unsicherheit konfrontiert.

Hier setzte ihr Forschungsprogramm für das MPI für Gesellschaftsforschung an. Neue kognitive Sicherheiten waren gefragt, damit politische Steuerung und Intervention auch in der komplexen, dynamischen Gesellschaft funktionieren konnten. Mit ihrem Kölner Programm ging Mayntz deshalb über die Policy-Forschung hinaus und wandte sich der Gesellschaftstheorie zu. Theorie und Empirie wollte sie über den Zugang der empirischen Institutionenanalyse verbinden. Die Forschungsprojekte sollten an zentralen Elementen der gesellschaftlichen Binnenstruktur ansetzen, die Einblicke in die internen Systemdynamiken ermöglichten: an institutionellen Komplexen und Sektoren wie dem Gesundheitswesen, der Wissenschaft oder Politik und Verwaltung. Am 9. März 1984 votierte der Senat der MPG einstimmig für die Berufung von Renate Mayntz und die Gründung eines Instituts mit ihrem Programm. Programm wie Person stellten die optimale Antwort auf die Notwendigkeiten in der MPG nach Starnberg dar. Mayntz galt als „harte“ Empirikerin und entzog sich damit dem Vorwurf ideologischer oder spekulativer Forschung. Sie gehörte keinem politischen Lager an und äußerte nicht die Absicht, sich mit dem neuen Institut in öffentliche Debatten und tagespolitische Streitfragen einzuklinken. Man erwartete von ihr eine professionelle Leitung, international anerkannte Forschungsergebnisse und keine öffentlichen Schlagzeilen – Ruhe nach dem Sturm.

Anmerkungen

Einleitung

1 Max-Planck-Institut für Gesellschaftsforschung: Forschungsprogramm, o.D. [Anfang 1985], Privatunterlagen Renate Mayntz.
2 Zur Geschichte der MPG in der Bundesrepublik existiert noch keine umfassende historische Literatur. Diese Arbeit stützt sich auf vom Brocke/Laitko 1996; die Festschriften Max-Planck-Gesellschaft 1998a, 1998b; die Chronologie zu 50 Jahren MPG Henning/Kazemi 1998. Zur Entwicklung der MPG im System der außeruniversitären Forschung in der BRD Hohn/Schimank 1990; in institutionenökonomischer Perspektive Maier 1997.
3 Die Soziologiegeschichtsschreibung hat die Zeit ab den Siebzigerjahren erst ansatzweise historisiert. Mit dem Schwerpunkt empirische Sozialforschung/empirische Soziologie Kruse 2006; Weischer 2004; im Rahmen einer Einführung in die Geschichte der Soziologie Kruse 2008; im breiteren Kontext der Sozialwissenschaften Wagner 1990; mit einem knappen Ausblick zur Policy-Forschung der Siebzigerjahre außerdem Metzler 2005.
4 In der zeitgenössischen Literatur werden beide Begriffe sehr oft parallel oder sogar synonym verwendet. Je nach Verständnis der Autoren umschließt die Rede von „Sozialwissenschaften" unterschiedliche Disziplinen. Soziologie und Politikwissenschaft erscheinen als Kerndisziplinen, hinzugedacht sind wahlweise Psychologie und Pädagogik, Wirtschafts- und Verwaltungswissenschaft oder, etwas peripherer, Ethnologie, Anthropologie oder Geschichtswissenschaft.
5 Die Formulierung „nach dem Boom" nach Doering-Manteuffel 2007; Doering-Manteuffel/Raphael 2008. Dazu außerdem Görtemaker 1999; Wolfrum 2006; Geyer 2007, 2008a, 2008b; Jarausch 2008; Conze 2009. Zu denen Achtzigerjahren Wirsching 2006.

I. Das lange Ende von Starnberg

1 Das Harnack-Prinzip besagt im Kern, dass Institute um herausragende Wissenschaftler „herum gebaut" werden. Zur Enstehung und Abschwächung des Harnack-Prinzips seit den Sechzigerjahren Vierhaus 1996. Siehe außerdem Gerwin 1996: 211 – 212; Maier 1997: 190 – 192.
2 Von Weizsäcker 1979: 59.
3 Die Entstehung des Starnberger Instituts, seine Forschungsaktivitäten und seine Schließung sind bislang nicht zum Gegenstand wissenschafts- oder zeitgeschichtlicher Arbeiten geworden.
4 Vorschlag zur Gründung eines Max-Planck-Instituts zur Erforschung der Lebensbedingungen der wissenschaftlich-technischen Welt, 1. Nov. 1967, S. 1, Archiv MPG, Abt. II, Rep. 1A, Senat: Protokolle, 61. SP/3, 30.11.1968.
5 Neben von Weizsäcker und Heisenberg unterzeichneten Wolfgang Bargmann, Klaus von Bismarck, Hermann Heimpel und Walther Gerlach den Gründungsvorschlag. Politische Unterstützung erhielt das Vorhaben durch den Bundespräsidenten Gustav Heinemann.
6 Vorschlag zur Gründung eines Max-Planck-Instituts zur Erforschung der Lebensbedingungen der wissenschaftlich-technischen Welt, 1. Nov. 1967, S. 1.
7 Prof. Dr. C.F. Frhr. v. Weizsäcker, Ergänzungen zu dem Antrag auf Gründung eines Max-Planck-Instituts zur Erforschung der Lebensbedingungen der wissenschaftlich-technischen Welt, 15. Februar 1968, S. 16, sowie C.F. Frhr. v. Weizsäcker, Memorandum über den Vorschlag zur Gründung eines Max-Planck-Instituts zur Erforschung der Lebensbedingungen der wissenschaftlich-technischen Welt, 28. Okt. 1968, S. 3, S. 7, beides in Archiv MPG, Abt. II, Rep. 1A, Senat: Protokolle, 61. SP/3, 30.11.1968.
8 Vorschlag zur Gründung eines Max-Planck-Instituts zur Erforschung der Lebensbedingungen der wissenschaftlich-technischen Welt, 1. Nov. 1967, S. 3, S. 6.
9 C.F. Frhr. v. Weizsäcker, Memorandum über den Vorschlag zur Gründung eines Max-Planck-Instituts zur Erforschung der Lebensbedingungen der wissenschaftlich-technischen Welt, 28. Okt. 1968, S. 2.
10 Siehe Gay 1985; Peukert 1987; Bauman 1992; Wagner 1995.
11 Vgl. Etzemüller 2001; exemplarisch Freyer 1955; Conze 1957.
12 Vgl. Prof. Dr. C.F. Frhr. v. Weizsäcker, Ergänzungen zu dem Antrag auf Gründung eines Max-Planck-Instituts zur Erforschung der Lebens-

bedingungen der wissenschaftlich-technischen Welt, 15. Februar 1968, S. 10.

13 Ebd., S. 7.

14 Vgl. u. a. von Weizsäcker 1981.

15 Zu den entsprechenden Schlagworten und öffentlich diskutierten Themen der 1970er- und 1980er-Jahre, insbesondere im Umfeld der Protest- und der Neuen Sozialen Bewegungen, Görtemaker 1999: 620 – 652; Wolfrum 2006: 328, 384 – 388, 401 – 405; Wirsching 2006: 393 – 397, 434 – 435. Siehe außerdem Kap. II dieser Arbeit.

16 Prof. Dr. C.F. Frhr. v. Weizsäcker, Ergänzungen zu dem Antrag auf Gründung eines Max-Planck-Instituts zur Erforschung der Lebensbedingungen der wissenschaftlich-technischen Welt, 15. Februar 1968, S. 9 – 15.

17 C.F. Frhr. v. Weizsäcker, Memorandum über den Vorschlag zur Gründung eines Max-Planck-Instituts zur Erforschung der Lebensbedingungen der wissenschaftlich-technischen Welt, 28. Okt. 1968, S. 4 – 8.

18 Dies wird besonders deutlich im Rückblick von Weizsäckers 1979: 49 – 94.

19 Niederschrift über die 61. Sitzung des Senats der MPG am 30. November 1968 in Dortmund, S. 37, Archiv MPG, Niederschriften Senat. Die Geisteswissenschaftliche Sektion stimmte erst nach dem Votum des Senats ab.

20 Ebd., S. 31 – 37.

21 Ebd., S. 37. Weizsäcker kam überdies nicht von außen, sondern hatte bereits eine zwanzig Jahre währende Verbindung mit der Max-Planck-Gesellschaft gehabt. Von 1936 bis Kriegsende war er Mitarbeiter des Berliner Kaiser-Wilhelm-Instituts für Physik gewesen, das ab 1942 vom Nobelpreisträger Werner Heisenberg geleitet wurde. 1946 war von Weizsäcker, gemeinsam mit Heisenberg, Max von Laue und Karl Wirtz, Direktor am Max-Planck-Institut für Physik in Göttingen geworden, das er 1957 verlassen hatte, um eine Professur für Philosophie an der Universität Hamburg anzunehmen.

22 Vgl. ebd., S. 33. Zumindest ist im Protokoll nichts weiteres dazu verzeichnet.

23 Vgl. Ebersold 1996.

24 Ausführlicher dazu Kap. II.

25 Direkt dazu Gerwin 1996.

26 Mit einem gewählten Mitarbeiter, der allerdings bis 1978 kein Stimmrecht in Berufungsfragen hatte.

27 Einen guten Überblick über die Strukturen der MPG in den Siebzigerjahren bietet der Bundesbericht Forschung VI, Bundesminister für Forschung und Technologie 1979: 304 – 306.

28 Niederschrift über die 61. Sitzung des Senats der MPG am 30. November 1968 in Dortmund, S. 35.

29 Es war laut von Weizsäcker der Wunsch von MPG-Präsident Butenandt gewesen, dass das Institut seinen Sitz in der Nähe der Generalverwaltung der MPG in München haben sollte. Von Weizsäcker 1979: 63. Außerdem war das MPI für Physik, an dem von Weizsäcker einst tätig gewesen war, 1958 von Göttingen nach München umgezogen (seitdem: MPI für Physik und Astrophysik). Vgl. Max-Planck-Gesellschaft 1993: 26–28; Boenke 1991: 93–98.

30 Der Kommission gehörten an: Peter Behrens (MPI für ausländisches und internationales Privatrecht), Friedrich Edding (MPI für Bildungsforschung), Josef Fleckenstein (MPI für Geschichte), Hermann Mosler (MPI für ausländisches und öffentliches Recht und Völkerrecht), Harald Gerfin (Fachbereich Wirtschaftswissenschaften, Universität Konstanz), Hans Möller (Staatswissenschaftliches Seminar, Universität München). Den Vorsitz führte Hans-Heinrich Jescheck (MPI für ausländisches und internationales Strafrecht).

31 Auswärtige Gutachten gingen ein von: Dieter Senghaas (Frankfurt), Patrick Streeten (Oxford), Kurt Sontheimer (München), Kebschull (Hamburg), Charles P. Kindleberger (Cambridge) und Ralf Dahrendorf (London). Senghaas, Sontheimer und Dahrendorf erschienen persönlich zur Aussprache in der Kommission.

32 Dem Fachbeirat gehörten zwischen 1973 und 1976 an: Renate Mayntz (Vorsitz), Hellmut Becker, Rudolf Vierhaus, H. Mittelstaedt, A. Touraine, J. O'Connor, Ralf Dahrendorf, Johan Galtung, J.M. Jauch, G. Raspé.

33 So übermittelte es die Beiratsvorsitzende Mayntz an Lüst, 6. Aug. 1976, Archiv MPG, II. Abt., Rep. 1A, GwS: Kommission Max-Planck-Institut zur Erforschung der Lebensbedingungen der wissenschaftlich-technischen Welt [infolge: Kommission Starnberg] 5.

34 Bericht und Empfehlung der Kommission „Max-Planck-Institut zur Erforschung der Lebensbedingungen der wissenschaftlich-technischen Welt" [Entwurf] vom 27. Sept. 1976, S. 8, Archiv MPG, II. Abt., Rep. 1A, GwS: Kommission Starnberg 5.

35 Ebd., S. 9.

36 Ergebnisprotokoll der Sitzung Kommission „Max-Planck-Institut zur Erforschung der Lebensbedingungen der wissenschaftlich-technischen Welt" am 20. September 1976 in München, S. 7, Archiv MPG, II. Abt., Rep. 1A, GwS: Kommission Starnberg 5. Außerdem stand damals die, wenn auch wohl eher vage Absicht im Raum, ein Max-Planck-Institut für Wirtschaftswissenschaften mit besonderer Berücksichtigung der Grundlagenforschung im Bereich Internationale Ökonomie zu gründen. Ebd., S. 2.

37 Vgl. von Weizsäcker gegenüber dem Starnberger Fachbeirat im Juni 1979, Protokoll der Sitzung des wissenschaftlichen Beirats vom 28. bis 29. Juni 1979, S. 5, Archiv MPG, II. Abt., Rep. 1A, GwS: Kommission Starnberg 9.

38 Vgl. ebd. sowie von Weizsäcker 1979: 69. Als einen Grund nannte er den Widerstand eines Teils der Mitarbeiter, die sich lange nicht auf einen Namen verständigen konnten und die damals nicht verstanden hätten, dass ihre eigene Zukunft vom Erfolg dieser Berufung abhing. Protokoll der Sitzung des wissenschaftlichen Beirats vom 28. bis 29. Juni 1979, S. 5 – 6. Weitere Rückblicke auf Starnberg in Drieschner 1996; von Reimar Lüst in *Der Wissenschaftmacher* 2008; von Claus Offe in „Die Bundesrepublik als Schattenriß“ 2005; ganz in der Perspektive von Weizsäckers Görnitz 1992.

39 Bericht und Empfehlung der Kommission „Max-Planck-Institut zur Erforschung der Lebensbedingungen der wissenschaftlich-technischen Welt“ [Entwurf] vom 27. Sept. 1976, S. 13 – 14.

40 Protokoll der Sitzung des wissenschaftlichen Beirats vom 28. bis 29. Juni 1979, S. 5 (Hervorhebung der Verf.).

41 Ebd.; zu seinen Vorstellungen zunächst noch knapp und allgemein Habermas an Ranft, 1. Sept. 1976, Archiv MPG, II. Abt., Rep. 1A, GwS: Kommission Starnberg 5.

42 Mitglieder waren: Hellmut Becker (MPI für Bildungsforschung), Peter Behrens (MPI für ausländisches und internationales Privatrecht), Friedrich-Karl Beier (MPI für ausländisches und internationales Patent-, Urheber- und Wettbewerbsrecht), Rudolf Bernhardt (MPI für ausländisches öffentliches Recht und Völkerrecht), Rudolf Vierhaus (MPI für Geschichte); auswärtige Mitglieder: Christof Bertram (International Institute for Strategic Studies, London), Niklas Luhmann (Fakultät für Soziologie, Universität Bielefeld), Hans Möller (Volkswirtschaftliches Institut, Universität München), Franz Weinert (Psychologisches Institut, Universität Heidelberg); Vorsitz: Hans-Heinrich Jescheck (MPI für ausländisches und internationales Strafrecht). Die Zusammensetzung erörterten Habermas und von Weizsäcker vermutlich zuvor im kleinen Kreis mit Hellmut Becker; die Geisteswissenschaftliche Sektion wollte die Kommission nicht in Abwesenheit von Habermas gründen. Vgl. Becker an Habermas, 18. Okt. 1976, Archiv MPG, II. Abt., Rep. 1A, GwS: Kommission Starnberg 5.

43 Ergebnisprotokoll der (1.) Sitzung der Kommission „Max-Planck-Institut zur Erforschung der Lebensbedingungen der wissenschaftlich-technischen Welt“ am 4. Mai 1977 in Heidelberg, Archiv MPG, II. Abt., Rep. 1A, GwS: Kommission Starnberg 2.

44 C.F. v. Weizsäcker, Erwägungen über die Zukunft des Max-Planck-Instituts zur Erforschung der Lebensbedingungen der wissenschaft-

lich-technischen Welt [o.D.] [1977], S. 2, Archiv MPG, II. Abt, Rep. 1A, GwS: Kommission Starnberg 2.

45 Ebd., S. 4.

46 Ebd., S. 5. Für die Bereiche Kriegsverhütung/Strategie und Ökonomie sah er „sehr wohl" personelle Möglichkeiten. Die beiden Namen, Hoffmann und Häfele, waren längst im Umlauf. Siehe Habermas an Vierhaus, 27. Januar 1977, und Vierhaus an Habermas, 9. Mai 1977, Archiv MPG, III. Abt., ZA 182/81.

47 So Habermas explizit an Vierhaus, 27. Jan. 1977 und 24. Mai 1977, Archiv MPG, III. Abt., ZA 182/81; J. Habermas, Stellungnahme Sitzung Weizsäcker-Nachfolge-Kommission, 4. Mai 1977, Heidelberg, Archiv MPG, II. Abt, Rep. 1A, GwS: Kommission Starnberg 6.

48 J. Habermas, Überlegungen zur Ergänzung des Arbeitsbereichs II [o.D.], Archiv MPG, III. Abt., ZA 107/50.

49 Ebd., S. 7–8.

50 Protokoll der Sitzung des wissenschaftlichen Beirats vom 28. bis 29. Juni 1979, S. 4. Bereits 1976 hatte der Beirat in dieser Richtung argumentiert und vom Senat eine rasche Entscheidung gefordert. Siehe Mayntz an Lüst, 6. Aug. 1976, Archiv MPG, II. Abt., Rep. 1A, GwS: Kommission Starnberg 5.

51 Weinert an Jescheck, 19. Juli 1977, S. 2, Archiv MPG, II. Abt., Rep. 1A, GwS: Kommission Starnberg 2.

52 Ebd., S. 3. Wohl kaum zufällig verwies er auf die Übereinstimmung dieses Vorschlags mit Habermas' „Stellungnahme".

53 Siehe die Liste von Habermas: Gutachtervorschläge für die Variante Ergänzungen des Arbeitsbereichs II [o.D.], Archiv MPG, II. Abt., Rep. 1A, GwS: Kommission Starnberg 2. An erster Stelle nannte Habermas Niklas Luhmann, Franz Weinert – die als Kommissionsmitglieder dann aber nicht gefragt wurden – und Renate Mayntz. Überhaupt war er der Ansicht, dass von den dann später angefragten Kollegen „eigentlich nur Frau Mayntz den Gesamtkomplex" überblicke. Habermas an Vierhaus, 5. Okt. 1977, Archiv MPG, III. Abt., ZA 182/81.

54 Ergebnisprotokoll der (2.) Sitzung der Kommission „Max-Planck-Institut zur Erforschung der Lebensbedingungen der wissenschaftlich-technischen Welt" am 7. September 1977 in Frankfurt, Archiv MPG, II. Abt., Rep. 1A, GwS: Kommission Starnberg 2; An die Herren Gutachter zu den die Zukunft des „Max-Planck-Instituts zur Erforschung der Lebensbedingungen der wissenschaftlich-technischen Welt" betreffenden Fragen, 7. Okt. 1977, Archiv MPG, II. Abt., Rep. 1A, Senat: Protokolle, 92. SP/DB, 16.3.1979, Bd. 1. Gutachten gingen dann ein: zum 1. Komplex von Jost Delbrück (Kiel), Curt Gasteyger (Genf), Karl Kaiser (Bonn), Klaus Ritter (Ebenhausen).

Henry Kissinger (Washington, D.C.) wurde offenbar zuerst nicht erreicht und sagte dann ab. Gutachten zum 2. Komplex von: Shmuel N. Eisenstadt (Jerusalem), Renate Mayntz (Köln), Paul Baltes (Philadelphia). Bei Lawrence Kohlberg (Cambridge, Mass.) fragte man an, es kam aber kein Gutachten. Zum 3. Komplex: Serge Moscovici (Paris), Lorenz Krüger (Bielefeld); der ebenfalls gebetene Thomas Kuhn (Princeton) äußerte sich nicht.

55 Ergebnisprotokoll der (3.) Sitzung der Kommission „Max-Planck-Institut zur Erforschung der Lebensbedingungen der wissenschaftlich-technischen Welt" am 20. Januar 1978 in Starnberg, S. 1–2, Archiv MPG, II. Abt., Rep. 1A, GwS: Kommission Starnberg 2.

56 Am Institut gab es außer den Physikern 1978 folgende Projektgruppen und Mitarbeiter (die bei der Anhörung anwesenden sind kursiv gesetzt): 1. Soziologische Grundlagenforschung: a. Entwicklung kommunikativer Fähigkeiten: M. Auwärter, *E. Kirsch*, W. van den Voort, b. Adoleszenzverlauf, Stufen des moralischen Bewußtseins und Wertorientierungen: *R. Döbert*, G. Nunner-Winkler, c. Entwicklung von Begründungsstrukturen im modernen Recht: K. Eder, G. Frankenberg, *U. Rödel*, *E. Tugendthat*, d. Staat und Ökonomie: W. Bonß, *V. Ronge*; 2. Wissenschaftsforschung: *W. van den Daele*, R. Hohlfeld, *W. Krohn*, W. Schäfer, T. Spengler; 3. Ökonomie: a. Entwicklung und Unterentwicklung, Weltökonomie: F. Fröbel, *J. Heinrichs*, *O. Kreye*, A. Münster, B. Stuckey, b. Arbeit-Konsum-Rechnung: *U.-P. Reich*, c. Verwendungs- und Verteilungskonflikte: G. Müller, *F. Stille*; 4. Kriegsverhütung: *H. Afheldt*, R. Hajdu-Gabriel, *Ph. Sonntag*.

57 Ebd., S. 4–5.

58 Ebd., S. 3. Es gab zu der Zeit eine Präsidialkommission „Internationale Ökonomie", die sich aber nicht mit dieser Verbindung beschäftigte.

59 Ebd., S. 3–4. Mayntz gehörte noch immer dem Fachbeirat an, Dahrendorf hingegen nicht mehr. 1976 hatte er bereits in Sachen dritte Abteilung gegutachtet. Baltes folgte 1980 einem Ruf ans MPI für Bildungsforschung in Berlin und war ab 1981 der Vorsitzende der Kommission, die Renate Mayntz als Gründungsdirektorin des MPI für Gesellschaftsforschung berufen sollte.

60 Ergebnisprotokoll der (4.) Sitzung [1. Teil] der Kommission „Max-Planck-Institut zur Erforschung der Lebensbedingungen der wissenschaftlich-technischen Welt" am 3./4. April 1978 in München, S. 1, Archiv MPG, II. Abt., Rep. 1A, GwS: Kommission Starnberg 6. Gleichwohl waren sich die Kommissionsmitglieder bewusst, dass auch in anderen Instituten die „Problematik des inneren Zusammenhangs" existierte. Ebd., S. 2.

61 Ebd., S. 3–4.

62 Ebd., S. 4.
63 Geyer 2008a: 23–47.
64 Metzler 2008; Hacke 2008.
65 Vgl. Schanetzky 2007: 241–244.
66 Geyer 2007: 74. Diesen Prozess zeigt Hacke (2008) am Gegenstand von „Legitimationskrise“ und „Unregierbarkeit“.
67 Offe 1979: 295. Auch die amerikanischen Neokonservativen hatten erfolgreich versucht, wie Jürgen Habermas erläuterte, „die Fakten, die sie beunruhigten, unter Aufbietung ihrer sozialwissenschaftlichen Talente zu erklären“. Habermas 1985: 33. Zur Legitimationskrise grundlegend Offe 1972; Habermas 1973.
68 Hennis/Kielmansegg/Matz 1977, 1979; in direkter Gegenüberstellung Hennis 1976 und Habermas 1976.
69 Vgl. Münkel 2008.
70 Ergebnisprotokoll der (4.) Sitzung [2. Teil] der Kommission „Max-Planck-Institut zur Erforschung der Lebensbedingungen der wissenschaftlich-technischen Welt“ am 3./4. April 1978 in München, S. 5, Archiv MPG, II. Abt., Rep. 1A, GwS: Kommission Starnberg 6.
71 Dies und das folgende ebd., S. 6. In seiner knapp gehaltenen schriftlichen Stellungnahme befasste sich Dahrendorf allgemein mit dem thematischen und disziplinären Verhältnis von Strategieforschung/Kriegsverhütung und Internationaler Ökonomie; Tenor: für Internationale Ökonomie brauche man primär ausgebildete Ökonomen. Dahrendorf an Jescheck, 6. Feb. 1978, Archiv MPG, II. Abt., Rep. 1A, GwS: Kommission Starnberg 2.
72 Renate Mayntz, Stellungnahme [6. Dez. 1977], Archiv MPG, III. Abt., ZA 107/50. Das Gutachten umfasste zehn Seiten.
73 Ergebnisprotokoll der (4.) Sitzung [2. Teil] der Kommission „Max-Planck-Institut zur Erforschung der Lebensbedingungen der wissenschaftlich-technischen Welt“ am 3./4. April 1978 in München, S. 9.
74 Ebd., S. 10–11.
75 Ebd., S. 8. Einerseits ging es dabei um Klarheit für die Mitarbeiter, die sich rechtzeitig nach beruflichen Alternativen umsehen mussten. Andererseits erleichterte ein Schließungsbeschluss Kündigungen und damit einen personellen Neuanfang, anders als eine „Umwidmung“ oder „Umstrukturierung“ eines Instituts.
76 Vgl. Notiz für den Präsidenten über den Verlauf der Entwicklung der Berufung von Prof. Dr. Ralf Dahrendorf an das Starnberger Institut, gez. Dr. Marsch, 29. Mai 1979, S. 1, Archiv MPG, II. Abt., Rep. 1A, GwS: Kommission Starnberg 7, mündlich bestätigt durch Reimar Lüst am 26. Jan. 2009.
77 Ergebnisprotokoll der (5.) Sitzung der Kommission „Max-Planck-Institut zur Erforschung der Lebensbedingungen der wissenschaft-

lich-technischen Welt“ am 28. Juni 1978 in Bonn, S. 1, Archiv MPG, II. Abt., Rep. 1A, GwS: Kommission Starnberg 2.

78 Vgl. Dahrendorf an Lüst, 15. Juni 1978, Archiv MPG, II. Abt., Rep. 1A, GwS: Kommission Starnberg 6.

79 Ergebnisprotokoll der (5.) Sitzung der Kommission „Max-Planck-Institut zur Erforschung der Lebensbedingungen der wissenschaftlich-technischen Welt“ am 28. Juni 1978 in Bonn, S. 1; vgl. Exposé zur Frage eines Arbeitsbereiches Dahrendorf in der MPG [o.D.], Archiv MPG, II. Abt., Rep. 1A, GwS: Kommission Starnberg 6.

80 Habermas an Dahrendorf, 19. Juni 1978, S. 2, Archiv MPG, II. Abt., Rep. 1A, GwS: Kommission Starnberg 6.

81 Vgl. ebd., S. 1. Trotzdem war er der Meinung, dass Dahrendorf die Gelegenheit bekommen musste, seine Task-Force-Idee auszuprobieren, nur für seine eigene Arbeit hielt Habermas das nicht für praktikabel.

82 Siehe Gemeinsamer Vorschlag Dahrendorf/Habermas für die Sitzung der Kommission Weizsäcker-Nachfolge am 2. 8. 1978, Archiv MPG, II. Abt., Rep. 1A, GwS: Kommission Starnberg 2.

83 Der Spiegel, 26. Juni 1978, S. 188. Dahrendorf hatte umgehend dementiert, siehe Notiz von Dr. Marsch für den Präsidenten über den Verlauf der Entwicklung der Berufung von Prof. Dr. Ralf Dahrendorf an das Starnberger Institut, 29. Mai 1979, S. 1.

84 Ergebnisprotokoll der (5.) Sitzung der Kommission „Max-Planck-Institut zur Erforschung der Lebensbedingungen der wissenschaftlich-technischen Welt“ am 28. Juni 1978 in Bonn, S. 3.

85 Ebd., S. 4–5. Auf der nächsten Sitzung im August, in der Dahrendorf, Habermas und zwölf Mitarbeiter angehört wurden, lagen dann Stellungnahmen und ein gemeinsamer Vorschlag der beiden vor.

86 Ergebnisprotokoll der (6). Sitzung der Kommission „Max-Planck-Institut zur Erforschung der Lebensbedingungen der wissenschaftlich-technischen Welt“ am 2. August 1978 in München, S. 4, Archiv MPG, II. Abt., Rep. 1A, GwS: Kommission Starnberg 2.

87 Sitzung Lebensbedingungen am 2. Aug. 1978 [Wortprotokoll], S. 8, Archiv MPG, II. Abt., Rep. 1A, GwS: Kommission Starnberg 2.

88 Vgl. Exposé zur Frage eines Arbeitsbereiches Dahrendorf in der MPG [o.D.], S. 14–15.

89 J. Habermas, Stellungnahme, in: Für die Kommission Weizsäcker-Nachfolge, 2. Aug. 1978, S. 13–14, Archiv MPG, II. Abt., Rep. 1A, GwS: Kommission Starnberg 2.

90 Ergebnisprotokoll der (6). Sitzung der Kommission „Max-Planck-Institut zur Erforschung der Lebensbedingungen der wissenschaftlich-technischen Welt“ am 2. August 1978 in München, S. 5.

91 Ergebnisprotokoll der (6). Sitzung [2. Teil] der Kommission „Max-

Planck-Institut zur Erforschung der Lebensbedingungen der wissenschaftlich-technischen Welt“ am 3. August 1978 in München, S. 1.

92 Ebd., S. 1, sowie die Schreiben der Wissenschaftlerkonferenz an die Mitglieder der Kommission, 25. Juli 1978 und 31. Juli 1978, Archiv MPG, II. Abt., Rep. 1A, GwS: Kommission Starnberg 2.

93 Dazu sehr anschaulich der Rückblick von Drieschner 1996: 181 – 182, 193 – 195.

94 Anhörung Lebensbedingungen am 3. August [Wortprotokoll], S. 7, Archiv MPG, II. Abt., Rep. 1A, GwS: Kommission Starnberg 2. (Hervorhebung der Verf.)

95 Vgl. ebd., S. 8 – 9. Mit dem Dahrendorf-Habermas-Modell, so die Mitarbeiter, mache sich die MPG lächerlich in ihrem Anspruch, Sozialwissenschaften zu betreiben. Ebd., S. 10.

96 So Lüst, Dahrendorf sprach von einer „menschlich sehr mißlichen Lage“, siehe Sitzung Lebensbedingungen am 2. Aug. 1978 [Wortprotokoll], S. 9.

97 Vgl. ebd., S. 11. Dies ist ein grundsätzliches Strukturproblem der MPG. Vgl. Vierhaus 1996: 136; Maier 1997: 197.

98 Sitzung Lebensbedingungen am 2. Aug. 1978 [Wortprotokoll], S. 14.

99 Alles ebd., S. 15 – 19.

100 Ergebnisprotokoll der Sitzung der Geisteswissenschaftlichen Sektion des Wissenschaftlichen Rates der MPG am 31. Oktober 1978 in München, S. 11, Archiv MPG, Niederschriften GwS. Die Aussprache begann nach dem Bericht von Jescheck.

101 Ebd., S. 12.

102 Anträge an die Geisteswissenschaftliche Sektion des Wissenschaftlichen Rates der MPG am 31. Okt. 1978, Archiv MPG, II. Abt., Rep. 1A, GwS: Kommission Starnberg 6; Ergebnisprotokoll der Sitzung der Geisteswissenschaftlichen Sektion des Wissenschaftlichen Rates der MPG am 31. Oktober 1978 in München, S. 14.

103 Ebd., S. 15.

104 Ebd., S. 16. Luhmann hatte sich zur Kommissionsempfehlung, die in seiner Abwesenheit einstimmig verabschiedet worden war, nicht mehr geäußert und war vorrübergehend aus der Kommission ausgeschieden. Ebd., S. 1; Bericht und Empfehlung der Kommission „Max-Planck-Institut zur Erforschung der Lebensbedingungen der wissenschaftlich-technischen Welt“ in Starnberg, 27. August 1978, S. 23, Archiv MPG, II. Abt., Rep. 1A, Senat: Protokolle, 92. SP/DB, 16.3.1979.

105 Alles Ergebnisprotokoll der Sitzung der Geisteswissenschaftlichen Sektion des Wissenschaftlichen Rates der MPG am 31. Oktober 1978 in München, S. 20 – 21. Die Geisteswissenschaftliche Sektion bestätigte den Beschluss in zweiter Lesung, allerdings mit der Modifikation,

dass die MPG für die Wissenschaftsforschung einen „geeigneten institutionellen Rahmen“ suchen würde.

106 So wird Lüst wiedergegeben in der Niederschrift über die 92. Sitzung des Senats der MPG am 16. März 1979 in Berlin, S. 8, Archiv MPG, Niederschriften Senat.

107 „Trotz weiter Spannweite kein glücklicher Flug“, in: Süddeutsche Zeitung, 30. Okt. 1978.

108 „Faustisches Projekt“, in: Der Spiegel, 11. Dez. 1978.

109 „Starnberger Alpträume“, in: Hochschulpolitische Mitteilungen, 3. Nov. 1978.

110 „Fremdkörper“, in: Hochschulpolitische Mitteilungen, 23. Feb. 1979.

111 Siehe Kap. II.

112 „Linke Zellteilung in Starnberg“, in: Bayern-Kurier, 11. Nov. 1978.

113 Der Verwaltungsrat bildete gewissermaßen den Vorstand der MPG und war maßgeblich an der Vorbereitung aller Entscheidungen der Gesellschaft beteiligt.

114 Wörtliche Wiedergabe der Diskussion im Verwaltungsrat am 15. März 1979, S. 2, Archiv MPG, II. Abt., Rep. 1A, GwS: Kommission Starnberg 7.

115 Vgl. ebd., S. 11, S. 13.

116 Ebd., S. 5, S. 7, S. 10

117 Ebd., S. 4.

118 Ebd., S. 6. Das heißt, die Mitarbeiter bekamen dann Schwierigkeiten, inhaltliche Gründe für ihre Weiterbeschäftigung anzuführen. Ein Schließungsbeschluss ermöglichte Kündigungen, weil die MPG leichter begründen konnte, warum Mitarbeiter nicht weiter beschäftigt werden konnten. Im Fall Dahrendorfs gestaltete es sich aber schwierig, Stellen für ihn freizumachen, solange er als „Nachfolger“ angesehen wurde, der inhaltliche Berührungspunkte zu den Arbeiten seines Vorgängers aufwies. Dahrendorf hätte dann selber begründen müssen, warum die vorhandenen Mitarbeiter nicht geeignet erschienen. Diese Erklärung liefert ein Vermerk betr. Arbeitsrechtliche Voraussetzungen des Freimachens von Planstellen am Starnberger Max-Planck-Institut durch Kündigung, gez. Kneser, 30. Mai 1979, Archiv MPG, II. Abt., Rep. 1A, GwS: Kommission Starnberg 6.

119 Wörtliche Wiedergabe der Diskussion im Verwaltungsrat am 15. März 1979, S. 6.

120 Für die Wissenschaftsforschung hatte sich Habermas mehrfach und auch persönlich bei Lüst ausgesprochen. Siehe Habermas an Lüst, 27. Jan. 1979, Archiv MPG, II. Abt., Rep. 1A, GwS: Kommission Starnberg 6.

121 Schließung: 25 Ja, 1 Nein, 2 Enthaltungen; Umbenennung: 27 Ja, 1 Enthaltung; Berufung: 22 Ja, 3 Nein, 3 Enthaltungen. Niederschrift

über die 92. Sitzung des Senats der MPG am 16. März 1979 in Berlin, S. 16–17.

122 Dahrendorf an Lüst, 18. April 1979, Archiv MPG, II. Abt., Rep. 1A, GwS: Kommission Starnberg 7. Der Brief ist fälschlich auf 1978 datiert. Endgültig entscheiden wollte Dahrendorf bis zum 8. Juni.

123 Niederschrift über die 93. Sitzung des Senats der MPG am 10. Mai 1979 in Mainz, S. 17, Archiv MPG, Niederschriften Senat; Lüst an Dahrendorf, 14. Mai 1979, Archiv MPG, II. Abt., Rep. 1A, GwS: Kommission Starnberg 2.

124 Dahrendorf an Lüst, 14. Mai 1979, Archiv MPG, II. Abt., Rep. 1A, GwS: Kommission Starnberg 2.

125 Es gab bei 25 Ja- vier Gegenstimmen und fünf Enthaltungen. Nur wenige Minuten später wurde ein neues Wissenschaftliches Mitglied des Max-Planck-Instituts für Biochemie einstimmig berufen.

126 Alles Dahrendorf an Lüst, 22. Mai 1979, Archiv MPG, II. Abt., Rep. 1A, GwS: Kommission Starnberg 2.

127 Mündlicher Kommentar am 6. November 2008.

128 Vgl. Lüst an Coing, 6. Aug. 1979; Habermas an Fleckenstein, 14. Sept. 1979, beides Archiv MPG, II. Abt., Rep. 1A, GwS: Kommission Starnberg 7; Habermas an Mayntz, 9. Okt. 1979, Archiv MPG, III. Abt., ZA 107/50.

129 Jürgen Habermas, Erläuterungen zum Vorschlag, W. Schluchter und F.E. Weinert als Direktoren an das MPI für Sozialwissenschaften (München) zu berufen, 11. Sept. 1979, Archiv MPG, II. Abt., Rep. 1A, GwS: Kommission Sozialwissenschaften 1.

130 Ergebnisprotokoll der Sitzung der Kommission „Max-Planck-Institut für Sozialwissenschaften" am 8. Oktober 1979 auf Schloß Ringberg, S. 4, Archiv MPG, II. Abt., Rep. 1A, GwS: Kommission Starnberg 7. Rasch holte man drei Gutachten ein, zwei zu Weinert und zur Entwicklungspsychologie, eines, erneut von Renate Mayntz, zur Gesamtkonzeption. Ebd., S. 2–3; Jescheck an Mayntz, 10. Okt. 1979; Mayntz an Jescheck, 14. Nov. 1979; Renate Mayntz, Stellungnahme, 14. Nov. 1979, alles Archiv MPG, III. Abt., ZA 107/50. Die Meinung von Niklas Luhmann, der in der Kommissionssitzung erneut fehlte, wollte Jescheck telefonisch einholen, auch Mayntz wurde vorher telefonisch konsultiert. Über Wolfgang Schluchter waren keine Gutachten nötig, weil er kurz vor einer Berufung an das Berliner Max-Planck-Institut für Bildungsforschung stand, das bereit war, ihn nach München freizugeben.

131 Vorlage der Konferenz der wissenschaftlichen Mitarbeiter des Instituts für die Kommission „Max-Planck-Institut zur Erforschung der Lebensbedingungen der wissenschaftlich-technischen Welt" anläß-

lich der Sitzung der Kommission am 8. Oktober 1979, Archiv MPG, II. Abt., Rep. 1A, GwS: Protokolle, 26.10.1979.

132 Ergebnisprotokoll der Anhörung der wissenschaftlichen Mitarbeiter des Max-Planck-Instituts zur Erforschung der Lebensbedingungen der wissenschaftlich-technischen Welt am 16. November 1979 in München, Archiv MPG, II. Abt., Rep. 1A, GwS: Kommission Starnberg 7.

133 Vgl. Niederschrift über die 94. Sitzung des Senats der MPG am 23. November 1979 in München, S. 10–11, Archiv MPG, Niederschriften Senat.

134 Vgl. ebd., S. 12–14.

135 Diskussion in der Senatssitzung am 23.11.1979 in München betr. Aufbau des MPI für Sozialwissenschaften und Schließung des Arbeitsbereichs I MPI für Lebensbedingungen [Wortprotokoll], S. 2, Archiv MPG, II. Abt., Rep. 1A, GwS: Kommission Starnberg 10.

136 Ebd., S. 2–3, S. 11.

137 Ebd., S. 10.

138 Ebd., S. 11.

139 Ergebnisprotokoll der Sitzung der Kommission „Max-Planck-Institut zur Erforschung der Lebensbedingungen der wissenschaftlich-technischen Welt“ am 29. November 1979 in Frankfurt, Archiv MPG, II. Abt., Rep. 1A, GwS: Kommission Starnberg 7; Bericht und Empfehlung der Kommission „Max-Planck-Institut zur Erforschung der Lebensbedingungen der wissenschaftlich-technischen Welt“ in Starnberg, 7. Januar 1980, Archiv MPG, II. Abt., Rep. 1A, GwS: Kommission Sozialwissenschaften 1.

140 Ergebnisprotokoll der Sitzung der Geisteswissenschaftlichen Sektion des Wissenschaftlichen Rates der MPG am 28. Januar 1980, S. 5, Archiv MPG, Niederschriften GwS. Beim Mitarbeitervorschlag handele es sich formal um den Vorschlag einer „Neugründung“. Ebd., S. 7–9.

141 Niederschrift über die 95. Sitzung des Senats der MPG am 7. März 1980 in Düsseldorf, Archiv MPG, Niederschriften Senat.

142 Ebd., S. 21–22.

143 Georg Picht, „Nachdenken nicht gefragt“, in: Die Zeit, 6. März 1980.

144 Jost Herbig, „Mittelmaß aller Dinge“, in: Der Spiegel, 5. Mai 1980.

145 Ebd.; „Auf die Qualität kommt es an“ [Interview], in: Die Zeit, 9. Mai 1980.

146 Vgl. Wulf Petzold, „Weizsäcker geht – doch die Probleme bleiben“, in: Badische Zeitung, 2. Juli 1980. Zwei Mitarbeiter der Gruppe Wissenschaftsforschung hat die Universität Bielefeld aufgenommen; zwei weitere Mitarbeiter kamen an den Universitäten Darmstadt und Erlangen unter; Horst Afheldt von der Gruppe Strategieforschung/Kriegsverhütung besaß eine unkündbare Stelle und hatte von Lüst die

Zusage für eine Wissenschaftlerstelle, ein Forschungsstipendium und eine Sekretärin erhalten, mit denen er seine Arbeit am Institut für Sozialwissenschaften fortsetzen konnte. Von Weizsäcker behielt dort einen Emeritusarbeitsplatz mit zwei Mitarbeiterstellen. Protokoll der Sitzung des wissenschaftlichen Beirats des MPI für Sozialwissenschaften am 10. und 11. Juli 1980, S. 3–5, S. 7, Archiv MPG, II. Abt., Rep. 1A, GwS: Kommission Starnberg 10.

147 Vgl. Wolfram Schütte, „Kapituliert allein Habermas?“, in: Frankfurter Rundschau, 15. April 1981; Joachim Worthmann, „Porträt der Woche: Jürgen Habermas“, in: Stuttgarter Zeitung, 18. April 1981.

148 „Doch net den“, in: Der Spiegel, 1. Sept. 1980.

149 Heinz Laufer [Dekan FB Sozialwissenschaften] an Habermas, 12. November 1979, Archiv MPG, II. Abt., Rep. 1A, GwS: Kommission Starnberg 7.

150 Ergebnisprotokoll der Sitzung der Kommission „Max-Planck-Institut für Sozialwissenschaften“ am 8. Okt. 1979 auf Schloß Ringberg, S. 4, Archiv MPG, II. Abt., Rep. 1A, GwS: Kommission Starnberg 7. Mit Bedenken gegenüber einem „linken bis linksliberalen“ Institut, das den Anspruch nicht erheben dürfe, sich „Institut für Sozialwissenschaften“ zu nennen, schon Lobkowicz an Lüst, 21. März 1979, Archiv MPG, II. Abt., Rep. 1A, GwS: Kommission Starnberg 7.

151 Vgl. Roman Arens, „Direktor des Max-Planck-Instituts tritt überraschend zurück“, in: Frankfurter Rundschau, 14. April 1981; „Habermas in Hamburg?“, Kölner Stadt-Anzeiger, 18. April 1981.

152 Die Rechtsabteilung der MPG hatte sich schon 1979 im Umfeld der Dahrendorf-Berufung auf Kündigungsschutzprozesse eingestellt. Siehe inbes. Vermerk betr. Arbeitsrechtliche Voraussetzungen des Freimachens von Planstellen am Starnberger Max-Planck-Institut durch Kündigung, gez. Kneser, 30. Mai 1979, Archiv MPG, II. Abt., Rep. 1A, GwS: Kommission Starnberg 6.

153 Habermas an von Weizsäcker, 29. Januar 1981, Archiv MPG, II. Abt., Rep. 1A, GwS: Kommission Starnberg 6. Kopien des Schreibens gingen an Reimar Lüst und Franz Weinert. Die Antwort von Weizsäckers befindet sich nicht in diesen Akten.

154 Habermas an Lüst, 11. März 1981, Archiv MPG, II. Abt., Rep. 1A, GwS: Kommission Starnberg 6.

155 Vgl. Vermerk betr. Max-Planck-Institut für Sozialwissenschaften, gez. Marsch, 16. März 1981, Archiv MPG, II. Abt., Rep. 1A, GwS: Kommission Starnberg 6.

156 Vermerk zum Gespräch mit Professor Habermas und Professor Lüst am 9. April 1981, gez. Marsch, 6. April 1981, Archiv MPG, II. Abt., Rep. 1A, GwS: Kommission Starnberg 6. Das Schreiben des Be-

triebsrats liegt hier leider nicht vor. Der Vorsitzende des Betriebsrats war einer der betroffenen Mitarbeiter.

157 Habermas an Lüst, 7. April 1981, Archiv MPG, II. Abt., Rep. 1A, GwS: Kommission Starnberg 8.

158 Habermas an Ranft, 16. April 1981, Archiv MPG, II. Abt., Rep. 1A, GwS: Kommission Starnberg 8. Die Generalverwaltung ging dagegen davon aus, dass man in der 1. Instanz unterliegen, in 2. Instanz aber zu Teilerfolgen kommen könnte. Vermerk betr. Erfolgsaussichten der Kündigungsschutzklagen, gez. Weidmann, 13. April 1981, Archiv MPG, II. Abt., Rep. 1A, GwS: Kommission Starnberg 6.

159 Vermerk, gez. Dr. Marsch, 10. April 1981, Archiv MPG, II. Abt., Rep. 1A, GwS: Kommission Starnberg 6.

160 Habermas an Ranft, 16. April 1981, S. 5, Archiv MPG, II. Abt., Rep. 1A, GwS: Kommission Starnberg 8. Seine Überlegungen von 1979 über die „Verrechtlichung der Lebensverhältnisse" und „Kolonialisierung der Lebenswelt" lesen sich dazu im Prinzip wie eine vorgreifende Begründung. Vgl. Habermas 1979: 28.

161 Habermas an Lüst, 7. April 1981, Archiv MPG, II. Abt., Rep. 1A, GwS: Kommission Starnberg 8.

162 „Jürgen Habermas tritt zurück", MPG-Presseinformation vom 13. April 1981, Archiv MPG, IX. Abt., Rep. 2, Max-Planck-Institut zur Erforschung der Lebensbedingungen der wissenschaftlich-technischen Welt.

163 „Habermas tritt als Max-Planck-Direktor zurück", dpa-Dienst für Kulturpolitik Nr. 16, 20. April 1981.

164 Hans Heigert, „Jürgen Habermas tritt zurück", in: Süddeutsche Zeitung, 14. April 1981.

165 Wofram Schütte, „Kapituliert allein Habermas?", in: Frankfurter Rundschau, 15. April 1981.

166 „Die Heimkehr eines Professors", in: Frankfurter Allgemeine Zeitung, 16./17. April 1981.

167 „Direktor des Max-Planck-Instituts trat überraschend zurück", in: Frankfurter Rundschau, 14. April 1981.

168 Jens Fischer, „Kurzer Tod nach langem Siechtum", in: Vorwärts, 23. April 1981.

169 „Davor hatte ich Angst", in: Der Spiegel, 4. Mai 1981.

170 Lüst an Weinert, 15. April 1981, Archiv MPG, II. Abt., Rep. 1A, GwS: Kommission Starnberg 8; Lüst an Fleckenstein [Vorsitzender GwS], 5. Mai 1981, Archiv MPG, II. Abt., Rep. 1A, GwS: Protokolle, 21.5.1981.

171 Schreiben der neun verbliebenen Mitarbeiter des Arbeitsbereiches II an den Vorsitzenden der Geisteswissenschaftlichen Sektion Josef Fleckenstein, 18. Mai 1981, Archiv MPG, II. Abt., Rep. 1A, GwS:

Protokolle, 21.5.1981. Alle waren dann später bereit, Auflösungsverträge zu unterzeichnen.

172 Ergebnisprotokoll der Sitzung der Geisteswissenschaftlichen Sektion des Wissenschaftlichen Rates der MPG am 21. Mai 1981 in Berlin, S. 12, Archiv MPG, Niederschriften GwS.

173 Ebd., S. 15. Der Senat folgte nur einen Tag später. Zu diesem Zeitpunkt hatten die prozessierenden Mitarbeiter des Arbeitsbereiches I der Auflösung ihrer Arbeitsverträge zugestimmt. Niederschrift über die 99. Sitzung des Senats der MPG am 6. März 1981 in Berlin, S. 12 – 13, Archiv MPG, Niederschriften Senat.

II. Sozialwissenschaften „nach dem Boom“

1 Einteilung nach Sahner 1982: 113, 118, 124.

2 Vgl. Kruse 2006: 164 – 168; Kruse 2008: 296 – 309.

3 Gehlen 1976: 1.

4 Vgl. Mongardini 1976.

5 Vgl. Nolte 2000: 265.

6 Gehlen 1976: 2.

7 Lutz 1983: 321 – 323. Lutz war Direktor des Instituts für Sozialwissenschaftliche Forschung (ISF) in München.

8 Ebd., 324 – 326.

9 Ebd., 328 – 329.

10 In Anlehnung an Bell 1973.

11 Beck 1986.

12 Zuerst Inglehart 1977.

13 Vgl. Doering-Manteuffel 2007; zur Karriere des „Wertewandels“ in der neueren zeitgeschichtlichen Literatur Doering-Manteuffel/Raphael 2008: 61 – 66. Die bislang einzige Historisierung der Wertewandelsforschung und -konjunktur der 1970er- und 1980er-Jahre, in der die Zeit- und Wertgebundenheit dieser Forschungen klar zum Ausdruck kommt, bietet mit Meulemann (1996, 1998) ein Sozialwissenschaftler.

14 Auch wenn dies zweifellos „gelegentlich etwas Unbefriedigendes“ an sich hat. Vgl. Geyer 2007: 47.

15 Raphael 1996: 190 – 191.

16 Vgl. Maier 1999, 2000.

17 In Anlehnung an Kaelble 1992; Hobsbawm 1994; Maier 2004; Judt 2005. Vgl. Doering-Manteuffel/Raphael 2008; Geyer 2008a.

18 Meadows 1972.

19 Vgl. Frese/Paulus 2003; Herbert 2002; Schildt 2000; Doering-Manteuffel 2003, 2000, 1999.
20 Süß 2008.
21 Jarausch 2008b.
22 Geyer 2008a.
23 Hockerts 2007; vgl. Geyer 2007: 48.
24 Vgl. Conze 2005: 373–379; Doering-Manteuffel 2008: 313–314; Geyer 2008a: 47; die „Suche nach Sicherheit“ bildet den interpretativen Leitfaden der Geschichte der Bundesrepublik von Conze 2009.
25 Siehe Weinhauer/Requate/Haupt 2006.
26 Vgl. Dannenbaum 2005.
27 Siehe dazu Metzler 2009; vgl. Dworog/Mende 2009.
28 Raschke 1993; vgl. Mende 2009; zur Umweltbewegung Engels 2006.
29 Schildt 2004: 452; Geyer 2007: 78.
30 Metzler 2008: 251.
31 Geyer 2007: 65–67.
32 Lutz 1983: 331.
33 Vgl. Weingart 2001: 166–167; für die Raumforschung Leendertz 2008: bes. 290–298, 326–333.
34 Alles Lutz 1983: 332–333.
35 Siehe Metzler 2005: bes. 141–149, 232–253, 289–297; Schanetzky 2007: 55–111; Leendertz 2008: 307–362.
36 Vgl. Ruck 2000; Süß 2003; Metzler 2003.
37 Dies und die Zahlen nach Wirsching 2006: 434–436. Dabei handelte es sich um eine Umfrage des Allensbacher Meinungsforschungsinstituts.
38 Raphael 1996: 166.
39 Vgl. Collin/Horstmann 2004; Scott 1998; Lacey/Furner 1993.
40 Geyer 2008b: 182–185; Metzler 2005: 42–45.
41 Weischer 2004: 235–236, 365–366.
42 Geyer 2007: 57–62.
43 Vgl. Wagner 1990: 391–398.
44 Umfassend Metzler 2005; siehe auch Rudloff 2004a.
45 Zum Wissenschaftsrat Metzler 2005: 164–170; zum Bildungsrat Rudloff 2004b; Metzler 2005: 181–188; zum Sachverständigenrat Metzler 2004; Nützenadel 2005: 136–174; zur Projektgruppe Süß 2004.
46 Kruse 2006; Bude/Neidhardt 1998; Neidhardt 1998. Die Erinnerungen dieser Soziologen sind nach dem Ende ihrer aktiven Berufslaufbahn in zwei Sammelbänden erschienen: Fleck 1996; Bolte/Neidhardt 1998, darin auch Mayntz (1996a, 1998) sowie Lepsius (1996, 1998). Das auf den Soziologen Karl Mannheim zurückgehende Konzept der Generationalität hat sich in der Geschichtswissenschaft als äußerst gewinnbringend erwiesen, insbesondere im Bezug auf die Geschichte

des Nationalsozialismus. Siehe bes. Herbert 1991, 1996; Wildt 2002; Heinemann 2003; für einen Überblick über die Bedeutung des Konzepts in der Geschichtsschreibung Reulecke 2003.

47 Nolte 2000: 245 – 248.

48 Bude 1992. Weitere bekannte Soziologen dieser Generation wären Karl Martin Bolte, Burkart Lutz und Heinrich Popitz (1925), Werner Mangold (1927), Hansgert Peisert (1928), Helmut Klages, Heinz Hartmann oder Joachim Matthes (1930), auch Franz-Xaver Kaufmann (1932).

49 Zur Soziologie in der NS-Zeit bes. Rammstedt 1986; Gutberger 1996; Klingemann 1996.

50 Nolte 2000: 236 – 242; Gerhardt 2007: 101 – 165.

51 Nolte 2000: bes. 236 – 239, 244.

52 Moses 2007: 54 – 57, Zitat 57. Zur politischen Philosophie der späteren konservativen Vordenker dieser Generation, etwa Hermann Lübbes, Hacke 2006.

53 Moses 2007: 64; ausführlicher zu den generationellen Konflikten um „1968" Aly 2008: 189 – 210.

54 Vgl. Klingemann 1999.

55 Bude/Neidhardt 1998: 414 – 415; Neidhardt 1998: 57 – 58.

56 Bude 1982: 574.

57 Zur amerikanischen Wissenschaftspolitik und ihren Einflüssen auf die deutsche Nachkriegssoziologie Gerhardt 2007: 107 – 165; siehe auch Weyer 1984; mit Beharren auf einer imperialistischen „Weltmission" der USA, die unablässig an der Verbreitung ihres „säkularen Glaubenssystems" gearbeitet habe, Plé 1990. Die Sozialwissenschaften erscheinen in Plés Arbeit, die bei Friedrich Tenbruck entstand, gewissermaßen als verlängerter Arm der amerikanischen Weltmacht.

58 Zur Vita von Mayntz Gerhardt/Derlien/Scharpf 1994: 15 – 22; Mayntz 1996a.

59 Vgl. Bolte/Neidhardt 1998: 419 – 427.

60 Die zentralen Arbeiten in diesem Zusammenhang waren Wurzbacher 1954 (unter Mitarbeit von Renate Mayntz, damals noch Renate Pflaum); Mayntz 1958. Zur Bedeutung der Surveyforschung und der Community Survey, in deren Kontext sich die Arbeiten des UNESCO-Instituts verorten lassen, Gerhardt 2007: 169 – 239.

61 Nolte 2000: 252 – 255.

62 Kruse 2006: 150.

63 Ebd., 149 – 151; vgl. Wagner 1990: 377 – 378. Für Parsons mussten in Deutschland beziehungsweise in den Westzonen „Systembedingungen" für eine demokratische Gesellschaft geschaffen werden. Der wirtschaftliche Wiederaufbau bildete in seinen Augen die Grundlage für die Festigung einer modernen – marktwirtschaftlichen, export-

orientierten und von Vollbeschäftigung geprägten – Industriegesellschaft. Die wirtschaftliche Modernisierung würde ökonomische und soziale Sicherheit mit sich bringen, so dass sich schließlich eine stabile Demokratie etablieren würde. Dazu Gerhardt 2007: 68–81, 253–262. Zu den Gesellschaftskonzeptionen des amerikanischen Besatzungsregimes im verdichteten Zeitraum um das Kriegsende 1944–1946 Gerhardt 2005, zu Parsons bes. 224–233.

64 Vgl. Weischer 2004: 235.
65 Wagner 1990: 401.
66 Schanetzky 2007: 185–187.
67 Lepsius 1976a: 14.
68 Ebd., 11.
69 Lutz 1975: 82–86.
70 Ebd., 87–89.
71 Neidhardt 1976: 437, 446.
72 Lepsius 1976b: 407, 412; vgl. Lutz 1976: 418–419.
73 Vgl. Lepsius 1976b: 412.
74 Vgl. Wissenschaftszentrum Berlin 1987; Lepsius 1976b: 413.
75 Offe 1977: 323–324.
76 Ebd., 327.
77 Luhmann 1977: 28.
78 Mayntz 1972: 484–489.
79 Mayntz/Scharpf 1973: 116; Mayntz 1973a: 18.
80 Mayntz/Scharpf 1973: 116.
81 Mayntz 1973a: 18.
82 Mayntz/Scharpf 1975: 1–3.
83 Ebd., 4.
84 Vgl. Mayntz 1973b; Mayntz/Scharpf 1973: bes. 118–122; Scharpf 1973; Mayntz 1975. Mit einer Kritik an den Denkmustern und Planungslogiken von Mayntz und Scharpf damals etwa Ehlert 1975; Klages 1978.
85 Mayntz 1977a. Die Herleitung eines entsprechenden Forschungsdesiderats in der zeitgenössischen sozialwissenschaftlichen Verwaltungsforschung und Organisationssoziologie in Mayntz 1976.
86 Siehe dazu Mayntz 1978a; zur Beratungserfahrung unmittelbar auch Mayntz 1977b, aber diese Erfahrung ist in vielen ihrer Publikationen dieser Zeit verarbeitet. Mit einer Historisierung ihrer eigenen Forschungen siehe besonders Mayntz 1987, 1995a, 1996b, 2001; Mayntz/Scharpf 2005.
87 Mayntz 1982: 76. Zu den Ergebnissen der Implementationsforschung, die namentlich im Rahmen des ab 1977 von der DFG geförderten Projektverbundes „Implementation politischer Programme" entstanden, Mayntz 1980a; 1983a.

88 Mayntz 1977a: 56 – 57.
89 Mayntz 1983b: 125. Hierbei handelte es sich um einen 1981 gehaltenen Vortrag, dessen Vorbemerkung vermutlich besonders die Entwicklungen in Großbritannien und in den USA im Blick hatte, aber wohl auch auf die deutschen Tendenzwendler bezogen war.
90 Mayntz 1979: 59.
91 Tenbruck 1981: 359 – 360. Das Programm von Weizsäckers in Starnberg bewertete er ausdrücklich positiv.
92 Ebd., 365.
93 Ebd., 367 – 369.
94 Ebd., 363.
95 Silbermann 1976: 56.
96 Vgl. Kruse 2006: 161; Metzler 2005: 397.
97 Zu diesen „Liberalkonservativen" Hacke 2006: hier bes. 94 – 134; mit den damaligen Antworten zahlreicher „45er" auf die Neue Linke siehe bes. Scheuch 1968.
98 Kruse 2006: 163.
99 Vgl. Wagner 1990: 435 – 436.
100 Lau 1984: 407.
101 Ebd., 408, 427.
102 Ebd., 408.
103 Matthes 1981: 20 – 21.
104 Ebd., 24 – 25.
105 Ebd., 26.
106 Der Artikel „Die Gesellschaftswissenschaften stürzen die Gesellschaft ins Abenteuer" erschien erstmals am 9. März 1979 in der *Frankfurter Allgemeinen Zeitung*, am selben Tag außerdem mit ähnlichem Inhalt „Die unbewältigten Sozialwissenschaften und ihre Förderung" in den *Hochschulpolitischen Informationen.* Tenbruck gehörte dem Bund Freiheit der Wissenschaft an.
107 Schelsky 1981.
108 Matthes 1983.
109 Matthes 1981: 21 – 22.
110 Matthes 1983: 22 – 23.
111 Matthes 1985: 50, 52.
112 Ebd., 52 – 53. In diesem Zusammenhang verwies Matthes besonders auf Peter Berger und Thomas Luckmann, *Die gesellschaftliche Konstruktion der Wirklichkeit* (1969).
113 Matthes 1985: 58 – 59.
114 Ebd., 59.
115 Siehe Kap. III. 1984 wurde dann auf dem Soziologentag über die Gründung einer Sektion für Kultursoziologie in der DGS diskutiert. Vgl. Lipp 1985. Jürgen Habermas hatte in seinem letzten Konzept für

das gescheiterte MPI für Sozialwissenschaften eine vierte Abteilung für Kulturanthropologie vorgesehen gehabt. Diese war dann nicht eingerichtet worden, weil es nicht gelungen war, im deutschsprachigen Raum einen geeigneten Leiter zu finden, was die marginale Bedeutung der deutschsprachigen Kulturanthropologie zu jener Zeit illustrierte. Dieses Problem zeigte sich erneut in der Kölner Gründungsdiskussion.

116 Siehe bes. Hartmann/Hartmann 1982; Bonß/Hartmann 1985; in zeithistorischer Perspektive Weisker 2003.

117 Weingart 1983: 225 – 227.

118 Hartmann/Hartmann 1982: bes. 204 – 209.

119 Ebd., 213. Peter Weingart sah damals die Gefahr, dass die „relativistischen“ Kritiken erhebliche Folgen für das Wissenschaftsverständnis in der Wissenschaft selbst haben könnten: Erkenntnistheoretische Begründungen der Objektivität von Erkenntnis begönnen sich bereits „in Richtung auf Selbstreferenz zu verschieben“. Weingart 1983: 240.

120 Vgl. Hartmann/Hartmann 1982: 214.

121 Vgl. Bonß/Hartmann 1985.

122 Weingart 1983: 228, 233.

123 Ebd., 235. Weingart hat die ineinander verkoppelten Prozesse der Verwissenschaftlichung der Politik und der Politisierung der Wissenschaft später systematisierend beschrieben und damit für die historische Forschung einen äußerst ergiebigen Analyserahmen geschaffen. Siehe Weingart 2001. Hervorzuheben ist, dass sein Modell aus den sozialwissenschaftlichen Reflexionen der Erfahrungen nach dem Boom entstand.

124 Mayntz 1977c: 58. Ohne ausdrücklichen Verweis auf bestimmte Autoren.

125 Mayntz 1972: 498.

126 Mayntz 1977c: 55 – 57.

127 Mayntz 1980b: 314.

128 Mayntz 1977c: 60.

129 Für eine Zusammenfassung der Interessen und Fragen dieses Forschungsfeldes Mayntz 1982a.

130 Mayntz 1980b: 317.

131 Vgl. Mayntz 1978; Mayntz 1980b: 318.

132 Ebd., 317 – 318.

133 Ebd., 318.

134 Vgl. dazu die anregenden Reflexionen von Kurt Sontheimer (1983).

135 Beck/Bonß 1984: 382 – 383. Dies war klar auf die Logiken der Implementationsforschung gemünzt.

136 Ebd., 383 – 384.

137 Vgl. Geyer 2007.

138 Beck/Bonß 1984: 384 – 385. Hervorhebung im Original.

139 Ebd., alles 385.

140 Ebd., 403.

141 Mayntz 1980b: 312 – 313; siehe auch Mayntz 1978b: 260.

142 Mayntz 1980b: 313.

143 Mayntz 1979: 69 – 71.

III. Der Weg nach Köln

1 Niederschrift über die 99. Sitzung des Senats der MPG am 6. März 1981 in Berlin, S. 16, Archiv MPG, Niederschriften Senat.

2 Lüst an Fleckenstein, 6. Juli 1981; Fleckenstein an die Mitglieder der Geisteswissenschaftlichen Sektion, 22. Sept. 1981, beides Archiv MPG, II. Abt., Rep. 1A, GwS: Protokolle, 21.5.1981. Das normale Verfahren für Institutsneugründungen wurde damit umgangen, weil der als Institutsdirektor und Wissenschaftliches Mitglied berufene Weinert sonst nicht mit der Arbeit hätte beginnen können. Zu den Bedenken einiger Juristen in der GwS, die dieses Vorgehen nicht für satzungskonform hielten, vgl. Vermerk betr. Verfahren zur Gründung der für Herrn Professor Weinert vorgesehenen Forschungseinrichtung der MPG, gez. Gutjahr-Löser, 19. Juni 1981; Notiz für den Herrn Präsidenten und den Herrn Generalsekretär, gez. Dr. Marsch, 15. Sept. 1981, Archiv MPG, II. Abt., Rep. 1A, GwS: Kommission Starnberg 8.

3 Ergebnisprotokoll der Sitzung der Geisteswissenschaftlichen Sektion des Wissenschaftlichen Rates der MPG am 21. Mai 1981 in Berlin, S. 15, Archiv MPG, Niederschriften GwS.

4 Ergebnisprotokoll der konstituierenden Sitzung der Kommission „Sozialwissenschaften" am 28. Oktober 1981 in München, S. 1 – 2, Archiv MPGA, II. Abt., Rep. 1A, GwS: Kommission Sozialwissenschaften 1.

5 Hierzu steht allerdings nichts im Kommissionsprotokoll, sondern nur zwei Blätter mit handschriftlichen Aufzeichnungen geben darüber Auskunft. Archiv MPGA, II. Abt., Rep. 1A, GwS: Kommission Sozialwissenschaften 1. Der Name von Renate Mayntz fiel offenbar nicht, was heißen konnte, dass sie als ehemalige Starnberger Fachbeiratsvorsitzende und zweimalige Gutachterin (1977, 1979) zu vorbelastet erschien oder dass sie bereits als potentielle Kandidatin galt.

6 Die MPG hat dieses Ansinnen damals offenbar sehr ernst genommen, da sie eine „Parallelgesellschaft" zur MPG befürchtete. Vgl. die mündlichen Informationen von Reimar Lüst, 26. Januar 2009.

7 Luhmann an Fleckenstein, 10. Dezember 1981, Archiv MPGA, II. Abt., Rep. 1A, GwS: Kommission Sozialwissenschaften 1.

8 Vgl. Ergebnisprotokoll der (1.) Sitzung Kommission „Sozialwissenschaften“ am 29. und 30. Januar 1982 in Heidelberg, S. 4, Archiv MPGA, II. Abt., Rep. 1A, GwS: Kommission Sozialwissenschaften 1. Habermas hatte ein Institut mit folgenden vier Abteilungen vorgesehen: 1. Philosophie und Soziologie: Entwicklungstheoretische Ansätze im Mikro- und Makrobereich (Habermas), 2. Soziologie: Vergleichende Analyse der Institutionalisierung und Internalisierung von Wertsystemen (Schluchter), 3. Kognitivistische Entwicklungspsychologie (Weinert), 4. Kulturanthropologie (N.N.). Siehe Kap. I.

9 Es ist zu vermuten, dass es vielmehr darum ging, den Vorsitz nicht den Juristen zu überlassen. Am selben Tag (28. Oktober 1981) wählte die Geisteswissenschaftliche Sektion nämlich mit Rudolf Bernhardt vom MPI für ausländisches öffentliches Recht und Völkerrecht einen neuen Vorsitzenden, der dann ab 1982 Fleckensteins Posten als Vorsitzender der Kommission übernommen hätte.

10 Max-Planck-Gesellschaft 1989: 43.

11 Ebd.

12 Ergebnisprotokoll der konstituierenden Sitzung der Kommission „Sozialwissenschaften“ am 28. Oktober 1981 in München, S. 3.

13 Baltes Unterlagen zum Gründungsprozess befinden sich weder im Teilnachlass im MPG-Archiv noch im Privatnachlass oder im MPI für Bildungsforschung.

14 Ergebnisprotokoll der (1.) Sitzung Kommission „Sozialwissenschaften“ am 29. und 30. Januar 1982 in Heidelberg, S. 4.

15 Wissenschaftsrat 1981: 98.

16 Ebd., 102–103.

17 Ergebnisprotokoll der (1.) Sitzung Kommission „Sozialwissenschaften“ am 29. und 30. Januar 1982 in Heidelberg, S. 9.

18 Ebd., S. 8–10.

19 Ergebnisprotokoll der (3.) Sitzung der Kommission „Sozialwissenschaften“ am 3. Juli 1982 in München, S. 1, Archiv MPGA, II. Abt., Rep. 1A, GwS: Kommission Sozialwissenschaften 2. Der letzte Themenbereich war noch aus der integrierten Lösung und den Vorstellungen von Weinert heraus gedacht, nämlich der Frage, wie sich Individuen in institutionellen Zusammenhängen verhalten.

20 Ebd., S. 3. Dann ging es um Ergänzungsberufungen für das MPI für psychologische Forschung, die Kommission beschloss einstimmig, der Geisteswissenschaftlichen Sektion die Berufung von Heinz Heckhausen zu empfehlen. Ebd., S. 5.

21 Bericht des Wissenschaftlichen Beirats des Max-Planck-Instituts zur Erforschung der Lebensbedingungen der wissenschaftlich-techni-

schen Welt, übersandt von Renate Mayntz an Reimar Lüst, 22. Okt. 1975, S. 5 – 6, Archiv MPGA, II. Abt., Rep. 1A, Max-Planck-Institut zur Erforschung der Lebensbedingungen der wissenschaftlich-technischen Welt: IB-Akten, 16.7.1976.

22 Siehe Mayntz an Lüst, 6. August 1976, S. 2, Archiv MPG, II. Abt., Rep. 1A, GwS: Kommission Starnberg 5.

23 Joachim Matthes [mit Jack Goody], Diskussionsvorlage für die Sitzung der Kommission „Zur Förderung der Sozialwissenschaften in der Max-Planck-Gesellschaft" am 3.7.1982, 23. Juni 1982; M. Rainer Lepsius, Vorlage für die Kommission zur Förderung der Sozialwissenschaften in der Max-Planck-Gesellschaft, 30. Juni 1982, beides Archiv MPG, II. Abt., Rep. 1A, GwS: Handakte Fleckenstein.

24 Ergebnisprotokoll der (3.) Sitzung der Kommission „Sozialwissenschaften" am 3. Juli 1982 in München, S. 7 – 12.

25 Ebd., S. 12. An den Kommissionssitzungen nahmen neben Ranft von Seiten der Generalverwaltung die für die Begleitung von Institutsneugründungen verantwortliche Beatrice Fromm, der ehemalige Betreuer des Starnberger Instituts Edmund Marsch sowie gelegentlich MPG-Vizepräsident Helmut Coing teil.

26 Ergebnisprotokoll der Sitzung der Geisteswissenschaftlichen Sektion des Wissenschaftlichen Rates der MPG am 2. November 1982 in München, Archiv MPG, Niederschriften GwS; Zwischenbericht und erste Empfehlungen der Kommission „Förderung der Sozialwissenschaften", o.D., Archiv MPG, II. Abt., Rep. 1A, GwS: Kommission Sozialwissenschaften 2.

27 Ergebnisprotokoll der Sitzung der Geisteswissenschaftlichen Sektion des Wissenschaftlichen Rates der MPG am 2. November 1982 in München, alles S. 6.

28 Vgl. Ergebnisprotokoll der (3.) Sitzung der Kommission „Sozialwissenschaften" am 3. Juli 1982 in München, S. 6.

29 Zwischenbericht und erste Empfehlungen der Kommission „Förderung der Sozialwissenschaften", S. 13 – 14. Fast wörtlich übernahm der Zwischenbericht diese Kriterien, die Rainer Lepsius seiner ersten Kommissionsvorlage systematisch vorangestellt hatte. Siehe M. Rainer Lepsius, Vorlage für die Kommission zur Förderung der Sozialwissenschaften in der Max-Planck-Gesellschaft, 30. Juni 1982, S. 1 – 2.

30 Siehe Kap. II.

31 Joachim Matthes, Vorlage für die Kommission zur Förderung der Sozialwissenschaften in der Max-Planck-Gesellschaft, Anfang Oktober 1982, S. 4, Archiv MPG, II. Abt., Rep. 1A, GwS: Kommission Sozialwissenschaften 1a.

32 Vgl. ebd., S. 5.

33 Ebd., S. 5 – 6.

34 Ebd., S. 6.

35 Ergebnisprotokoll der (4.) Sitzung der Kommission „Sozialwissenschaften“ am 1. November 1982 in Heidelberg, S. 3–4, Archiv MPG, II. Abt., Rep. 1A, GwS: Kommission Sozialwissenschaften 2.

36 Alles ebd., S. 4–7. Mischel sollte dazu ein Papier verfassen und ein bis zwei Sachverständige sollten zum Vortrag eingeladen werden. Die Beratungen zur Cognitive Science liefen von da an parallel.

37 Siehe M.R. Lepsius, Vorschlag für ein Max-Planck-Institut für vergleichende Sozialforschung, 26. Januar 1983, Archiv MPG, II. Abt., Rep. 1A, GwS: Kommission Sozialwissenschaften 1a.

38 Matthes sprach hier später von der „unglückseligen Doppelrolle [...], als Mitglied der Kommission ein ganz zweifellos wichtiges und entscheidendes Vorhaben argumentativ vertreten zu müssen, zu dessen Realisierung ich selber sehr konkrete und engagierte Vorstellungen habe“. Matthes an Edelstein, 16. Juni 1983, III. Abt., ZA 101/40. Rainer Lepsius zeigte sich vom Gedanken eines Rollenwechsels vom Berater zum Kandidaten befremdet, sah damit „auch eine Stilfrage verbunden“ und akzeptierte die Ende Juni 1983 angebotene Kandidatur „nicht ohne Zögern“. Lepsius an Baltes, 27. Juni 1983, III. Abt., ZA 101/40.

39 Wortprotokoll der (5.) Sitzung Kommission „Sozialwissenschaften“ am 30. Januar 1983 in Heidelberg, S. 1–2, Archiv MPG, II. Abt., Rep. 1A, GwS: Kommission Sozialwissenschaften 2. Dies ist das einzige überlieferte Wortprotokoll der Kommission.

40 Ergebnisprotokoll der (5.) Sitzung der Kommission „Sozialwissenschaften“ am 30. Januar 1983 in Heidelberg, S. 1, Archiv MPG, II. Abt., Rep. 1A, GwS: Kommission Sozialwissenschaften 2.

41 Wortprotokoll der (5.) Sitzung Kommission „Sozialwissenschaften“ am 30. Januar 1983 in Heidelberg, S. 3.

42 Ebd., S. 6.

43 Vgl. ebd., S. 2, S. 8.

44 Ebd., 18.

45 Matthes an Edelstein, 1. Feb. 1983, Archiv MPG, III. Abt., ZA 101/40.

46 Vgl. ebd. sowie Baltes an Matthes, 10. Feb. 1983, Archiv MPG, III. Abt., ZA 101/40.

47 Ergebnisprotokoll der (6.) Sitzung der Kommission „Sozialwissenschaften“ am 6. und 7. Mai 1983 in Berlin, S. 1, Archiv MPG, II. Abt., Rep. 1A, GwS: Kommission Sozialwissenschaften 3.

48 Ebd., S. 2–8.

49 Ebd., S. 3.

50 Siehe Kap. I.

51 Ergebnisprotokoll der Sitzung der Geisteswissenschaftlichen Sektion

des Wissenschaftlichen Rates der MPG am 21. Mai 1981 in Berlin, S. 13.

52 Vgl. Ergebnisprotokoll der (6.) Sitzung der Kommission „Sozialwissenschaften" am 6. und 7. Mai 1983 in Berlin sowie die im Anschluss an die Anhörung erbetenen schriftlichen Stellungnahmen: Heller an Baltes, 19. Mai 1983; Beck an Baltes, 31. Mai 1983; Bertram an Baltes, 29. Juni 1983; Gellner an Baltes, 10. Mai 1983, 23. Mai 1983, alles in Archiv MPG, III. Abt., ZA 101/40, sowie Mayntz an Baltes, 9. Mai 1983, Privatunterlagen Mayntz.

53 Ergebnisprotokoll der (6.) Sitzung der Kommission „Sozialwissenschaften" am 6. und 7. Mai 1983 in Berlin, S. 9.

54 Ebd., S. 9. Von diesen Stellungnahmen liegen mir nur die von fünf Gutachtern vor.

55 Hierüber gibt eine handschriftliche Liste Auskunft, die wahrscheinlich von Paul Baltes stammt. Siehe Liste Komm. 9.7.83, Archiv MPG, III. Abt., ZA 101/40. Renate Mayntz wurde am häufigsten von allen vorgeschlagen.

56 Ergebnisprotokoll der (7.) Sitzung der Kommission „Sozialwissenschaften" am 9., 10. und 11. Juli 1983 in Heidelberg, S. 2, Archiv MPG, II. Abt., Rep. 1A, GwS: Kommission Sozialwissenschaften 3.

57 Ebd., S. 3–4.

58 Ebd., S. 2. Baltes hatte erst am 4. Juli (also fünf Tage vor der Kommissionssitzung) telefonisch bei Mayntz angefragt. Am 5. Juli hatte sie die dreiseitige Skizze geschickt. Mayntz an Baltes, 5. Juli 1983, und Renate Mayntz, „Skizze eines Forschungsprogramms für ein sozialwissenschaftliches Institut, das die gesellschaftliche und die institutionelle Analyseebene miteinander verbindet", 5. Juli 1983, Archiv MPG, II. Abt., Rep. 1A, GwS: Kommission Sozialwissenschaften 1a.

59 Ergebnisprotokoll der (7.) Sitzung der Kommission „Sozialwissenschaften" am 9., 10. und 11. Juli 1983 in Heidelberg, S. 4. Außerdem fand in dieser Julisitzung eine Anhörung zum Thema „Cognitive Science" statt mit dem Fazit, dass die MPG dieses Thema unbedingt weiterverfolgen müsse; die unmittelbare Einrichtung eines Instituts erschien aber zum damaligen Zeitpunkt vor allem aus personellen Gründen unrealistisch, empfohlen wurde vielmehr die Förderung in einer Projekt- oder Nachwuchsgruppe. Ebd., S. 5–9.

60 M. Rainer Lepsius, Vorlage für die Kommission zur Förderung der Sozialwissenschaften in der Max-Planck-Gesellschaft, o.D. [Juli 1983], Archiv MPG, II. Abt., Rep. 1A, GwS: Kommission Sozialwissenschaften 1a; Renate Mayntz, „Skizze eines Forschungsprogramms für ein sozialwissenschaftliches Institut, das die gesellschaftliche und die institutionelle Analyseebene miteinander verbindet", 5. Juli 1983.

61 Ergebnisprotokoll der (7.) Sitzung der Kommission „Sozialwissen-

schaften“ am 9., 10. und 11. Juli 1983 in Heidelberg, S. 12. Über einen zweiten Direktor wollte man noch nicht entscheiden, hier sollte Mayntz einbezogen werden.

62 Zweiter Zwischenbericht und weitere Empfehlungen der Kommission „Förderung der Sozialwissenschaften“, o.D. [November 1983], S. 19–21, Archiv MPG, II. Abt., Rep. 1A, Senat: Protokolle, 107. SP/DB, 9.3.1984.

63 1959/60 Columbia University New York, 1964 University of Edinburgh, 1965 Facultad Latinoamericana de Ciencias Sociales (Flacso) Santiago de Chile, 1983/84 Stanford University.

64 1977 Universität Uppsala, 1979 Universität Paris X-Nanterre.

65 Gutachten waren eingeholt worden von Karl Martin Bolte (München), Werner Mangold (Erlangen-Nürnberg), Daniel Bell (Harvard), Reinhard Bendix (Berkeley), Nevil Johnson (Oxford), Lautman (Paris) und Johan Olsen (Bergen).

66 Renate Mayntz, Überlegungen zum Forschungsprogramm eines Max-Planck-Instituts für soziologische Forschung, September 1983 [Anhang zur Kommissionsempfehlung], S. 1, Archiv MPG, II. Abt., Rep. 1A, Senat: Protokolle, 107. SP/DB, 9.3.1984.

67 Ebd., S. 2.

68 Ebd., S. 3. Ausführlicher zur Rolle überraschender Ereignisse und Entwicklungen dann Mayntz 1995b; 1996c; zur Bedeutung kognitiver Unsicherheit Mayntz 1999.

69 Mayntz 1985b: 27.

70 Ebd., 28.

71 Mayntz, Überlegungen zum Forschungsprogramm, S. 3–5.

72 Ebd., S. 6.

73 Mayntz 1977a: 66; Mayntz 1983a: 16–17.

74 Mayntz 1982a: 75.

75 Mayntz 1980a: 14.

76 Manytz 1978b: 259–260.

77 Mayntz 1979: 71.

78 Ebd., 72; Mayntz 1983b: 140.

79 Mayntz 1978b: 260. Dem standen für Mayntz aber die besonderen Rationalitäten des Policy-Prozesses entgegen, denn Modellversuche setzten erstens die Lernbereitschaft des politischen Systems voraus. Politische Programme wurden zweitens, waren sie einmal in der öffentlichen Verwaltung im Rollen, zum Bestandteil derselben und damit zu einem Teil ihrer Existenzberechtigung. Drittens ließen sich politische Maßnahmen nur schwer wieder abschaffen, sobald sie institutionelle Tatsachen geschaffen hatten. Als Beispiel nannte Mayntz die hessische Gesamtschule. Alles ebd., 261–263. Hier kann man

wirklich von einer abgeklärten, wenn nicht gar ernüchterten Sicht auf die Funktionsweise von Politik sprechen.

80 Mayntz 1982a: 77–79.

81 Grundlegend Mayntz 1985a.

82 Mayntz 1983a: 9–10.

83 Mayntz 1985a: 72–73. Eine weitere Kategorie blieb hier ausgeklammert, erscheint aber im Lichte späterer Arbeiten ebenfalls zentral: Es galt gesellschaftliche und politische Wandlungsprozesse zu *verstehen*, um bewusst handeln und möglicherweise gestalten zu können. Siehe Mayntz 1995b: 69.

84 Mayntz 1985a: 74; Mayntz 1983a: 14–15.

85 Mayntz 1985b: 28. Dies betraf nur die Makrosoziologie.

86 Ebd., 31–32.

87 Mayntz, Überlegungen zum Forschungsprogramm, S. 4.

88 Ebd., S. 10–11.

89 Ebd., S. 12–13.

90 Zweiter Zwischenbericht und Empfehlungen der Kommission „Förderung der Sozialwissenschaften", S. 14–19.

91 Ebd., S. 22.

92 Ergebnisprotokoll der Sitzung der Geisteswissenschaftlichen Sektion des Wissenschaftlichen Rates der MPG am 11. November 1983 in München, S. 4, Archiv MPG, Niederschriften GwS.

93 Ebd., S. 5.

94 Ebd., S. 7–8.

95 Niederschrift über die 132. Sitzung des Verwaltungsrates der MPG am 8. März 1984 in Mülheim, S. 3–4, Archiv MPG, Niederschriften Verwaltungsrat.

96 Zusammenfassende Niederschrift über die 15. Sitzung des Senatsausschusses für Forschungspolitik und Forschungsplanung der MPG am 4. Oktober 1983 in München, S. 23–24, Archiv MPG, II. Abt., Rep. 1A, Senatsausschuß für Forschungspolitik und Forschungsplanung, 12.–16. Sitzung. Das „Interesse" der Naturwissenschaftler dürfte auch damit zu erklären sein, dass für das neue Institut keine neuen Planstellen bewilligt wurden, sondern diese Stellen innerhalb der MPG umgewidmet werden mussten. Vgl. Niederschrift über die 134. Sitzung des Verwaltungsrates am 22. November 1984, S. 11, Archiv MPG, Niederschriften Verwaltungsrat.

97 Zusammenfassende Niederschrift über die 16. Sitzung des Senatsausschusses für Forschungspolitik und Forschungsplanung der MPG am 28. Februar 1984 in München, S. 5–7, Archiv MPG, II. Abt., Rep. 1A, Senatsausschuß für Forschungspolitik und Forschungsplanung, 12.–16. Sitzung.

98 Zur Rolle naturwissenschaftlicher Begriffe, Modelle und Theorien in den Sozialwissenschaften später Mayntz 1991; 1992a; 1992b.

99 Zusammenfassende Niederschrift über die 16. Sitzung des Senatsausschusses für Forschungspolitik und Forschungsplanung der MPG am 28. Februar 1984, S. 6.

100 Ebd., S. 11; Niederschrift über die 132. Sitzung des Verwaltungsrates der MPG am 8. März 1984 in Mülheim/Ruhr, S. 4, Archiv MPG, Niederschriften Verwaltungsrat.

101 Niederschrift über die 107. Sitzung des Senats der MPG am 9. März 1984 in Essen, S. 31, Archiv MPG, Niederschriften Senat.

102 Ebd., S. 32.

103 Siehe dazu Mayntz über ihr Verständnis von Sozialwissenschaft in Mayntz 1998.

104 Margot Becke leitete von 1969 bis 1979 das Gmelin-Institut für anorganische Chemie und Grenzgebiete der MPG. Bis 2006 ist sie die einzige weibliche Vorsitzende des Wissenschaftlichen Rates geblieben, dem sie von 1973 bis 1976 präsidierte. Eine interessante Koinzidenz ist, dass Becke am selben Tag (30. Nov. 1968) berufen wurde, an dem der Senat die Gründung des Starnberger Max-Planck-Instituts zur Erforschung der Lebensbedingungen der wissenschaftlich-technischen Welt beschloss. Renate Mayntz war zum Zeitpunkt ihrer Berufung das einzige weibliche Wissenschaftliche Mitglied der MPG neben Eleonore Treffz (MPI für Physik und Astrophysik), die 1985 ausschied. Im selben Jahr wurde Christiane Nüsslein-Volhard als Direktorin ans MPI für Entwicklungsbiologie berufen. Erst 1993 und 1994 folgten mit Anne Cutler (Psycholinguistik), Lorraine Daston (Wissenschaftsgeschichte) und Angela Friederici (Neuropsychologie) weitere Direktorinnen. Statistiken über den Frauenanteil in der MPG liegen erst ab 1991 vor. Danach waren in jenem Jahr zwei von 210 C4-Stellen mit Frauen besetzt (Mayntz und Nüsslein-Volhard), acht von 198 C2- und C3-Stellen (4 %), eine von 58 BAT I-Stellen, 28 von 283 W I a-Stellen (10 %), 121 von 935 W I b-Stellen (13 %) und 210 von 880 BAT- und W II a-Stellen (24 %). Statistik nach MPG-Spiegel 2/1991, S. 19. Mindestens für den Vorsitzenden der Findungskommission Paul Baltes dürfte die Berufung einer Frau ein wichtiges Anliegen gewesen sein. Baltes hatte später von 1994 bis 1997 den Vorsitz des 1990 vom Präsidium eingesetzten Arbeitskreises zur Förderung von Wissenschaftlerinnen in der MPG inne und initiierte das „Sonderprogramm zur Förderung hervorragender Wissenschaftlerinnen in der MPG (W2)“, das unter dem Namen „Minerva-Programm“ fortgesetzt wurde.

105 Niederschrift über die 107. Sitzung des Senats der MPG am 9. März 1984 in Essen, S. 33–34. Mit der Bereitschaft, den Ruf anzunehmen,

Mayntz an Lüst, 23. März 1984, Archiv MPG, II. Abt., Rep. 1A, GwS: Kommission Sozialwissenschaften 5. Die Abstimmung in der zweiten Lesung erfolgte am 28. Juni 1984 wiederum einstimmig.

106 Vermerk betr. Gründung eines Max-Planck-Instituts für sozialwissenschaftliche Forschungen auf dem Gebiet der Institutionenanalyse, gez. Dr. Marsch, 2. April 1984, Archiv MPG, II. Abt., Rep. 1A, GwS: Kommission Sozialwissenschaften 5. Mayntz hatte schon im März insistiert, dass sie bald ein zweites Wissenschaftliches Mitglied benötigen werde. Siehe Vermerk gez. Ranft, 13.3.[1984], ebd.

107 Siehe Burger (Oberbürgermeister) und Rossa (Oberstadtdirektor), Köln, an Lüst, 22. März 1984, Archiv MPG, II. Abt., Rep. 1A, GwS: Kommission Sozialwissenschaften 1; Konow (Wissenschaftsministerium NRW) an Mayntz, 11. April 1984, Archiv MPG, III. Abt., ZA 107/14; Gutmann (Rektor Universität Köln) an Lüst, 21. Mai 1984; Fiebiger (Präsident Universität Erlangen-Nürnberg) an Staab, 10. Aug. 1984, beides Archiv MPG, II. Abt., Rep. 1A, GwS: Kommission Sozialwissenschaften 5; Doni (Referat für Stadtentwicklung Nürnberg) an Fromm, 11. Mai 1984; Grotemeyer (Rektor Universität Bielefeld) an Lüst, 10. April 1984; Böhme (Oberbürgermeister Freiburg) an Lüst, o.D., alles Archiv MPG, III. Abt., ZA 107/14.

108 Renate Mayntz, Memorandum zur Namensgebung für das neue Max-Planck-Institut im Bereich der Sozialwissenschaften, o.D. [Sept. 1984], Archiv MPG, III. Abt., ZA 107/14.

109 Ergebnisprotokoll der (8.) Sitzung der Kommission „Sozialwissenschaften" am 8. und 9. November 1984 in Saarbrücken, S. 2, Archiv MPG, II. Abt., Rep. 1A, GwS: Kommission Sozialwissenschaften 5; Ergebnisprotokoll der Sitzung der Geisteswissenschaftlichen Sektion des Wissenschaftlichen Rates der MPG am 9. November 1984 in Saarbrücken, S. 5–6, Archiv MPG, Niederschriften GwS.

110 Niederschrift über die 109. Sitzung des Senats der MPG am 23. November 1984 in München, S. 30, Archiv MPG, Niederschriften Senat. Am 4. Dezember nahm Mayntz offiziell die Berufung zur Direktorin und zum Wissenschaftlichen Mitglied der MPG an. Mayntz an Staab, 4. Dez. 1984, Archiv MPG, III. Abt., ZA 107/14.

111 Max-Planck-Institut für Gesellschaftsforschung, Jahresbericht 1985, S. 4–6, Unterlagen MPIfG.

112 Renate Mayntz, Überlegungen zum Forschungsprogramm eines Max-Planck-Instituts für soziologische Forschung, September 1983, S. 22–24, Archiv MPG, II. Abt., Rep. 1A, Senat: Protokolle, 107. SP/DB, 9.3.1984.

113 Mayntz 1985c: 92.

114 Ebd., 96–97.

115 Mayntz an Staab, 10. Dez. 1984, Archiv MPG, III. Abt., ZA 107/27;

ebenso Mayntz vor der Kommission Sozialwissenschaften, die nach der Kölner Gründung ihre Beratungen über die Komplexe Kulturanthropologie und Cognitive Science fortsetzte. Ergebnisprotokoll der Sitzung der Kommission „Förderung der Sozialwissenschaften“ am 1. Februar 1985 in Heidelberg, S. 1–2, Archiv MPG, II. Abt., Rep. 1A, GwS: Kommission Sozialwissenschaften 9. u. 10. Sitzung.

116 Ergebnisprotokoll der Sitzung der Geisteswissenschaftlichen Sektion des Wissenschaftlichen Rates der MPG am 12. Juni 1985 in Nürnberg, S. 2–3, Archiv MPG, Niederschriften GwS; Niederschrift über die 112. Sitzung des Senats der MPG am 22. November 1985 in München, S. 20, Archiv MPG, Niederschriften Senat, sowie nach zweiter Lesung am 12. Juni 1986.

117 Mayntz 1985c: 31.

Dank

Am Ende bleibt allen zu danken, die zum Entstehen dieses Buches beigetragen haben. Das Max-Planck-Institut für Gesellschaftsforschung in Köln hat meine Arbeit großzügig gefördert und unterstützt. Mein besonderer Dank gebührt Jürgen Feick, dessen Zeit ich ein ums andre Mal gnadenlos strapaziert habe und dessen Hilfe, Interesse und Engagement mich maßgeblich vorangebracht haben. Darüber hinaus bedanke ich mich bei allen damals Beteiligten, die sich zu Gesprächen bereit erklärten oder kurze Kommentare abgaben und eine Reihe von Verständnisfragen zu klären wie Zusammenhänge zu erhellen vermochten: Wolfgang Edelstein, Walter Freese, Beatrice Fromm, Reimar Lüst, Renate Mayntz, Gertrud Nunner-Winkler, Fritz Scharpf, Dieter Simon und Wolfgang Streeck sowie die jüngst verstorbenen Ralf Dahrendorf und Joachim Matthes. Renate Mayntz, Wolfgang Edelstein und Rudolf Vierhaus haben mir überdies Einsicht in ihre Papiere im Archiv der MPG gewährt und dadurch an vielen Stellen Licht ins Dunkel der Ergebnisprotokolle gebracht. Marion Kazemi und Lorenz Beck im MPG-Archiv sowie Susan Hachgenei von der Generalverwaltung der MPG halfen mir in vielen Sachfragen und auf der Suche nach Unterlagen mit großer Ausdauer und Freundlichkeit weiter. Martin Rethmeier vom Verlag Vandenhoeck & Ruprecht ermöglichte die rasche Drucklegung, pünktlich zum 25. Geburtstag des Max-Planck-Instituts für Gesellschaftsforschung. Last not least danke ich allen, die das Manuskript in Teilen oder ganz gelesen, kommentiert und verbessert haben. Alle verbleibenden Unzulänglichkeiten gehen, wie stets, allein auf das Konto der Autorin.

München/Princeton, September 2009 Ariane Leendertz

Quellen und Literatur

I. Ungedruckte Quellen

Archiv der Max-Planck-Gesellschaft (Berlin)

II. Abt., Rep. 1A	Generalverwaltung; darin: – Geisteswissenschaftliche Sektion: Kommission „Max-Planck-Institut zur Erforschung der Lebensbedingungen der wissenschaftlich-technischen Welt“ – Geisteswissenschaftliche Sektion: Kommission „Förderung der Sozialwissenschaften“ – Geisteswissenschaftliche Sektion: Protokolle – Senat: Protokolle – Senatsausschuss für Forschungspolitik und Forschungsplanung – Max-Planck-Institut zur Erforschung der Lebensbedingungen der wissenschaftlich-technischen Welt: IB-Akten
III. Abt., ZA 101	Papiere Wolfgang Edelstein
III. Abt., ZA 107	Papiere Renate Mayntz
III. Abt., ZA 182	Papiere Rudolf Vierhaus
IX. Abt., Rep. 2	Dokumentation Institute (Zeitungsausschnittssammlung)
Niederschriften	Senat Geisteswissenschaftliche Sektion Verwaltungsrat

II. Gedruckte Quellen und Literatur

Aly, Götz, 2008: *Unser Kampf. 1968 – Ein irritierter Blick zurück.* Frankfurt a.M.: S. Fischer Verlag.

Bauman, Zygmunt, 1992: *Moderne und Ambivalenz. Das Ende der Eindeutigkeit.* Hamburg: Junius.

Beck, Ulrich, Wolfgang Bonß, 1984: Soziologie und Modernisierung. Zur Ortsbestimmung der Verwendungsforschung. In: *Soziale Welt* 35, 381 – 406.

Beck, Ulrich, 1986: *Risikogesellschaft. Auf dem Weg in eine andere Moderne.* Frankfurt a.M.: Suhrkamp Verlag.

Bell, Daniel, 1973: *The Coming of Post-Industrial Society. A Venture in Social Forecasting.* New York: Basic Books.

Berger, Peter L., Thomas Luckmann, 1969: *Die gesellschaftliche Konstruktion der Wirklichkeit. Eine Theorie der Wissenssoziologie.* Frankfurt a.M.: S. Fischer Verlag.

Boenke, Susan, 1991: *Entstehung und Entwicklung des Max-Planck-Instituts für Plasmaphysik.* Frankfurt a.M.: Campus Verlag.

Bolte, Karl Martin, Friedhelm Neidhardt (Hrsg.), 1998: *Soziologie als Beruf. Erinnerungen westdeutscher Hochschulprofessoren der Nachkriegsgeneration.* Soziale Welt, Sonderband 11. Baden-Baden: Nomos Verlagsgesellschaft.

Bonß, Wolfgang, Heinz Hartmann, 1985: Konstruierte Gesellschaft, rationale Deutung. Zum Wirklichkeitscharakter soziologischer Diskurse. In: Wolfgang Bonß/Heinz Hartmann (Hrsg.), *Entzauberte Wissenschaft. Zur Relativität und Geltung soziologischer Forschung.* Göttingen: Otto Schwartz & Co., 9 – 46.

Bude, Heinz, 1992: Die Soziologen der Bundesrepublik. In: *Merkur* 46, 569 – 580.

Bude, Heinz, Friedhelm Neidhardt, 1998: Die Professionalisierung der deutschen Nachkriegssoziologie. In: Bolte/Neidhardt, 405 – 418.

Bundesminister für Forschung und Technologie (Hrsg.), 1979: *Bundesbericht Forschung VI.* Bonn: Bundesministerium für Forschung und Technologie.

Collin, Peter, Thomas Horstmann (Hrsg.), 2004: *Das Wissen des Staates. Geschichte, Theorie und Praxis.* Baden-Baden: Nomos Verlagsgesellschaft.

Conze, Eckart, 2005: Sicherheit als Kultur. Überlegungen zu einer „modernen Politikgeschichte" der Bundesrepublik Deutschland. In: *Vierteljahreshefte für Zeitgeschichte* 53, 357 – 380.

Conze, Eckart, 2009: *Die Suche nach Sicherheit. Eine Geschichte der Bundesrepublik Deutschland von 1949 bis in die Gegenwart.* München: Siedler Verlag.

Conze, Werner, 1957: *Die Strukturgeschichte des technisch-industriellen Zeitalters als Aufgabe für Forschung und Unterricht.* Köln: Westdeutscher Verlag.

Dannenbaum, Thomas, 2005: „Atom-Staat" oder „Unregierbarkeit"? Wahrnehmungsmuster im westdeutschen Atomkonflikt der 70er Jahre. In: Franz-Josef Brüggemeier/Jens Ivo Engels (Hrsg.), *Natur und Umwelt in Deutschland nach*

1945. Probleme, Wahrnehmungen, Bewegungen und Politik. Frankfurt am Main: Campus Verlag, 268–286.

Der Wissenschaftsmacher (2008): Reimar Lüst im Gespräch mit Paul Nolte. München: Verlag C.H. Beck.

„Die Bundesrepublik als Schattenriß zweier Lichtquellen". Ein Gespräch mit Claus Offe (2005) In: *Ästhetik & Kommunikation* 36, 149–160.

Doering-Manteuffel, Anselm, 1999: *Wie westlich sind die Deutschen? Amerikanisierung und Westernisierung im 20. Jahrhundert.* Göttingen: Vandenhoeck & Ruprecht.

Doering-Manteuffel, Anselm, 2000: Westernisierung. Politisch-ideeller und gesellschaftlicher Wandel in der Bundesrepublik bis zum Ende der 60er Jahre. In: Axel Schildt/Detlev Siegfried/Karl Christian Lammers (Hrsg.), *Dynamische Zeiten. Die 60er Jahre in den beiden deutschen Staaten.* Hamburg: Christians, 311–341.

Doering-Manteuffel, Anselm 2003: Politische Kultur im Wandel. Die Bedeutung der sechziger Jahre in der Geschichte der Bundesrepublik. In: Andreas Dornheim/Sylvia Greiffenhagen (Hrsg.), *Identität und politische Kultur. Hans Georg Wehling zum Fünfundsechzigsten.* Stuttgart: Kohlhammer, 146–158.

Doering-Manteuffel, Anselm, 2007: Nach dem Boom. Brüche und Kontinuitäten der Industriemoderne seit 1970. In: *Vierteljahreshefte für Zeitgeschichte* 55, 559–581.

Doering-Manteuffel, Anselm, 2008: Langfristige Ursprünge und dauerhafte Auswirkungen. Zur historischen Einordnung der siebziger Jahre. In: Jarausch 2008a, 313–329.

Doering-Manteuffel, Anselm, Lutz Raphael, 2008: *Nach dem Boom. Perspektiven auf die Zeitgeschichte seit 1970.* Göttingen: Vandenhoeck & Ruprecht.

Drieschner, Michael, 1996: Die Verantwortung der Wissenschaft. Ein Rückblick auf das Max-Planck-Institut zur Erforschung der Lebensbedingungen der wissenschaftlich-technischen Welt. In: Rudolf Seising/Tanja Fischer (Hrsg.), *Wissenschaft und Öffentlichkeit.* Frankfurt a.M.: Peter Lang, 173–198.

Dworog, Sabine, Silke Mende, 2009: Residuen des Ordnungsdenkens in den 1970er Jahren? Kontinuitäten, Umbrüche, veränderte Bezugsgrößen. Die Fallbeispiele „grüne Bewegung" und „Flughafenausbau Frankfurt". In: Thomas Etzemüller (Hrsg.), *Die Ordnung der Moderne. Social Engineering im 20. Jahrhundert.* Bielefeld: transcript Verlag, 331–355.

Ebersold, Bernd, 1998: 50 Jahre im Dienste der Gesellschaft. Zur Entwicklung der Max-Planck-Gesellschaft als Forschungsorganisation. In: Max-Planck-Gesellschaft (Hrsg.), *Forschung an den Grenzen des Wissens. 50 Jahre Max-Planck-Gesellschaft 1948–1998.* Göttingen: Vandenhoeck & Ruprecht, 155–173.

Ehlert, Wiking, 1975: Politische Planung – und was davon übrig bleibt. Zur bürokratischen Dimension des Planens. In: *Leviathan* 3, 84–114.

Engels, Jens Ivo, 2006: *Naturpolitik in der Bundesrepublik. Ideenwelt und politische Verhaltensstile in Naturschutz und Umweltbewegung 1950–1980.* Paderborn: Ferdinand Schöningh.

Etzemüller, Thomas, 2001: *Sozialgeschichte als politische Geschichte. Werner Conze und die Neuorientierung der westdeutschen Geschichtswissenschaft nach 1945.* München: R. Oldenbourg Verlag.

Fisch, Stefan, Wilfried Rudloff (Hrsg.), 2004: *Experten und Politik. Wissenschaftliche Politikberatung in geschichtlicher Perspektive.* Berlin: Duncker & Humblot.

Fleck, Christian (Hrsg.), 1996: *Wege zur Soziologie nach 1945. Autobiographische Notizen.* Opladen: Leske + Budrich.

Frese, Matthias, Julia Paulus, Karl Teppe (Hrsg.), 2003: *Demokratisierung und gesellschaftlicher Aufbruch. Die sechziger Jahre als Wendezeit der Bundesrepublik.* Paderborn: Verlag Ferdinand Schöningh.

Freyer, Hans, 1955: *Theorie des gegenwärtigen Zeitalters.* Stuttgart: Deutsche Verlags-Anstalt.

Gay, Peter, 1985: Hunger nach Ganzheit. In: Michael Stürmer (Hrsg.), *Die Weimarer Republik. Belagerte Civitas.* Königsstein/Ts.: Athenäum, 224–236.

Gehlen, Arnold, 1976: Zur Lage der Soziologie. In: Gottfried Eisermann (Hrsg.), *Die Krise der Soziologie.* Stuttgart: Ferdinand Enke Verlag, 1–8.

Gerhardt, Uta, 2005: *Soziologie der ‚Stunde Null'. Zur Gesellschaftskonzeption des amerikanischen Besatzungsregimes in Deutschland 1944–1945/1946.* Frankfurt a.M.: Suhrkamp Verlag.

Gerhardt, Uta, 2007: *Denken der Demokratie. Die Soziologie im atlantischen Transfer des Besatzungsregimes. Vier Abhandlungen.* Stuttgart: Franz Steiner Verlag.

Gerhardt, Uta, Hans Ulrich Derlien, Fritz Scharpf, 1994: Werkgeschichte Renate Mayntz. In: Hans-Ulrich Derlien/Uta Gerhardt/Fritz W. Scharpf (Hrsg.), *Systemrationalität und Partialinteresse.* Festschrift für Renate Mayntz. Baden-Baden: Nomos Verlagsgesellschaft, 15–56.

Gerwin, Robert, 1996: Im Windschatten der 68er ein Stück Demokratisierung. Die Satzungsreform von 1972 und das Harnack-Prinzip. In: Vom Brocke/Laitko, 211–224.

Geyer, Martin H., 2007: Die Gegenwart der Vergangenheit. Die Sozialstaatsdebatten der 1970er-Jahre und die umstrittenen Entwürfe der Moderne. In: *Archiv für Sozialgeschichte* 47, 47–93.

Geyer, Martin H., 2008a: Rahmenbedingungen: Unsicherheit als Normalität. In: Martin H. Geyer (Hrsg.), *Geschichte der Sozialpolitik in Deutschland seit 1945. Bd. 6: 1974–1982. Bundesrepublik Deutschland: Neue Herausforderungen, wachsende Unsicherheiten.* Baden-Baden: Nomos Verlagsgesellschaft, 4–109.

Geyer, Martin H., 2008b: Sozialpolitische Denk- und Handlungsfelder: Der Umgang mit Sicherheit und Unsicherheit. In: Martin H. Geyer (Hrsg.), *Ge-*

schichte der Sozialpolitik in Deutschland seit 1945. Bd. 6: 1974–1982. Bundesrepublik Deutschland: Neue Herausforderungen, wachsende Unsicherheiten. Baden-Baden: Nomos Verlagsgesellschaft, 111–231.

Görnitz, Thomas, 1992: *Carl Friedrich von Weizsäcker. Ein Denker an der Schwelle zum neuen Jahrtausend.* Freiburg: Herder.

Gutberger, Jörg, 1996: *Volk, Raum und Sozialstruktur. Sozialstruktur- und Sozialraumforschung im „Dritten Reich".* Münster: LIT Verlag.

Habermas, Jürgen, 1973: *Legitimationsprobleme im Spätkapitalismus.* Frankfurt a.M.: Suhrkamp Verlag.

Habermas, Jürgen, 1976: Legitimationsprobleme im modernen Staat. In: Peter Graf Kielmansegg (Hrsg.), *Legitimationsprobleme politischer Systeme. Tagung der Deutschen Vereinigung für Politische Wissenschaft in Duisburg, Herbst 1975.* Opladen: Westdeutscher Verlag, 39–61.

Habermas, Jürgen, 1979: Einleitung. In: Jürgen Habermas (Hrsg.), *Stichworte zur „Geistigen Situation der Zeit".* Bd. 1: Nation und Republik. Frankfurt a.M.: Suhrkamp Verlag, 7–35.

Habermas, Jürgen, 1985: *Die neue Unübersichtlichkeit.* Kleine Politische Schriften V. Frankfurt a.M.: Suhrkamp Verlag.

Hacke, Jens, 2006: *Philosophie der Bürgerlichkeit. Die liberalkonservative Begründung der Bundesrepublik.* Göttingen: Vandenhoeck & Ruprecht.

Hacke, Jens, 2008: Der Staat in Gefahr. Die Bundesrepublik der 1970er Jahre zwischen Legitimationskrise und Unregierbarkeit. In: Dominik Geppert/Jens Hacke (Hrsg.), *Streit um den Staat. Intellektuelle Debatten in der Bundesrepublik 1960–1980.* Göttingen: Vandenhoeck & Ruprecht, 188–206.

Hartmann, Heinz, Marianne Hartmann, 1982: Vom Elend der Experten: Zwischen Akademisierung und Deprofessionalisierung. In: *KZSS* 34, 193–223.

Heinemann, Isabel, 2003: *„Rasse, Siedlung, deutsches Blut". Das Rasse- und Siedlungshauptamt der SS und die rassenpolitische Neuordnung Europas.* Göttingen: Wallstein Verlag.

Henning, Eckart, Marion Kazemi, 1998: *Chronik der Max-Planck-Gesellschaft zur Förderung der Wissenschaften 1948–1998.* 50 Jahre Max-Planck-Gesellschaft zur Förderung der Wissenschaften, Teil 1. Berlin: Duncker & Humblot.

Hennis, Wilhem, 1976: Legitimität. Zu einer Kategorie der bürgerlichen Gesellschaft. In: Peter Graf Kielmansegg (Hrsg.), *Legitimationsprobleme politischer Systeme. Tagung der Deutschen Vereinigung für Politische Wissenschaft in Duisburg, Herbst 1975.* Opladen: Westdeutscher Verlag, 9–38.

Hennis, Wilhem, Peter Graf Kielmansegg, Urich Matz (Hrsg.), 1977: *Regierbarkeit. Studien zu ihrer Problematisierung.* Band 1. Stuttgart: Klett-Cotta.

Hennis, Wilhem, Peter Graf Kielmansegg, Urich Matz (Hrsg.), 1979: *Regierbarkeit. Studien zu ihrer Problematisierung.* Band 2. Stuttgart: Klett-Cotta.

Herbert, Ulrich, 1991: „Generation der Sachlichkeit". Die völkische Studentenbewegung der frühen zwanziger Jahre in Deutschland. In: Frank Bajohr/

Werner Johe/Uwe Lohalm (Hrsg.), *Zivilisation und Barbarei. Die widersprüchlichen Potentiale der Moderne. Detlev Peukert zum Gedenken.* Hamburg: Christians, 115–144.

Herbert, Ulrich, 1996: *Best. Biographische Studien über Radikalismus, Weltanschauung und Vernunft, 1903–1983.* Bonn: Dietz.

Herbert, Ulrich, 2002: Liberalisierung als Lernprozeß. Die Bundesrepublik in der deutschen Geschichte – eine Skizze. In: Ulrich Herbert (Hrsg.), *Wandlungsprozesse in Westdeutschland. Belastung, Integration, Liberalisierung 1945–1980.* Göttingen: Wallstein Verlag, 7–49.

Hockerts, Hans Günter, 2007: Vom Problemlöser zum Problemerzeuger? Der Sozialstaat im 20. Jahrhundert. In: *Archiv für Sozialgeschichte* 47, 3–29.

Hobsbawm, Eric, 1994: *The Age of Extremes: The Short Twentieth Century 1914–1991.* London: Michael Joseph. (Dt. *Das Zeitalter der Extreme. Weltgeschichte des 20. Jahrhunderts.* München: Carl Hanser Verlag, 1995)

Hohn, Hans Willy, Uwe Schimank, 1990: *Konflikte und Gleichgewichte im Forschungssystem. Akteurkonstellationen und Entwicklungspfade in der staatlich finanzierten außeruniversitären Forschung.* Frankfurt a.M.: Campus Verlag.

Inglehart, Ronald, 1977: *The Silent Revolution. Changing Values and Political Styles Among Western Publics.* Princeton: Princeton University Press.

Jarausch, Konrad H. (Hrsg.), 2008a: *Das Ende der Zuversicht? Die siebziger Jahre als Geschichte.* Göttingen: Vandenhoeck & Ruprecht.

Jarausch, Konrad H., 2008b: Verkannter Strukturwandel. Die siebziger Jahre als Vorgeschichte der Probleme der Gegenwart. In: Jarausch 2008a, 9–26.

Judt, Tony, 2005: *Postwar: A History of Europe since 1945.* London: Heinemann. (Dt. *Die Geschichte Europas seit dem Zweiten Weltkrieg.* München: Carl Hanser Verlag, 2006)

Kaelble, Hartmut (Hrsg.), 1992: *Der Boom 1948–1973. Gesellschaftliche und wirtschaftliche Folgen in der Bundesrepublik Deutschland und in Europa.* Opladen: Westdeutscher Verlag.

Klages, Helmut, 1978: Planung – Entwicklung – Entscheidung: Wird die Geschichte herstellbar? In: *Historische Zeitschrift* 226, 528–546.

Klingemann, Carsten, 1996: *Soziologie im Dritten Reich.* Baden-Baden: Nomos Verlagsgesellschaft.

Klingemann, Carsten, 1999: Reichssoziologie und Nachkriegssoziologie. Zur Kontiunuität einer Wissenschaft in zwei politischen Systemen. In: Renate Knigge-Tesche (Hrsg.), *Berater der braunen Macht. Wissenschaft und Wissenschaftler im NS-Staat.* Frankfurt a.M.: Anabas Verlag, 70–93.

Kruse, Volker, 2006: Soziologie als „Schlüsselwissenschaft" und „angewandte Aufklärung" – der Mythos der Empirischen Soziologie. In: Karl Acham/Knut Wolfgang Nörr/Bertram Schefold (Hrsg.), *Der Gestaltungsanspruch der Wissenschaft. Aufbruch und Ernüchterung in den Rechts-, Sozial- und Wirt-*

schaftswissenschaften auf dem Weg von den 1960er zu den 1980er Jahren. Stuttgart: Franz Steiner Verlag, 145–175.

Kruse, Volker, 2008: *Geschichte der Soziologie.* Konstanz: UVK Verlagsgesellschaft.

Lacey, Michael J., Mary Furner (Hrsg.), 1993: *The State and Social Investigation in Britain and the United States.* Washington, D.C.: Woodrow Wilson Center Press.

Lau, Christoph, 1984: Soziologie im öffentlichen Diskurs. Voraussetzungen und Grenzen sozialwissenschaftlicher Rationalisierung gesellschaftlicher Praxis. In: *Soziale Welt* 35, 407–428.

Leendertz, Ariane, 2008: *Ordnung schaffen. Deutsche Raumplanung im 20. Jahrhundert.* Göttingen: Wallstein Verlag.

Lepsius, M. Rainer, 1976a: Ansprache zur Eröffnung des 17. Deutschen Soziologentages: Zwischenbilanz der Soziologie. In: Lepsius 1976c, 1–13.

Lepsius, M. Rainer, 1976b: Zur forschungspolitischen Situation der Soziologie. In: Lepsius 1976c, 407–417.

Lepsius, M. Rainer (Hrsg.), 1976c: *Zwischenbilanz der Soziologie. Verhandlungen des 17. Deutschen Soziologentages.* Stuttgart: Ferdinand Enke Verlag.

Lepsius, M. Rainer, 1979: Die Entwicklung der Soziologie nach dem Zweiten Weltkrieg. In: Günther Lüschen (Hrsg.), *Deutsche Soziologie seit 1945. Entwicklungsrichtungen und Praxisbezug.* KZSS Sonderheft 21, 25–70.

Lepsius, M. Rainer, 1996: Soziologie als angewandte Aufklärung. In: Fleck, 185–197.

Lepsius, M. Rainer, 1998: Vorstellungen von Soziologie. In: Bolte/Neidhardt, 209–231.

Lipp, Wolfgang, 1985: Zur Begründung einer Sektion „Kultursoziologie" bei der DGS. In: Hans-Werner Franz (Hrsg.), *22. Deutscher Soziologentag 1984. Sektions- und Ad-hoc-Gruppen.* Opladen: Westdeutscher Verlag, 212–214.

Lompe, Klaus, 1987: *Sozialstaat und Krise. Bundesrepublikanische Politikmuster der 70er und 80er Jahre.* Frankfurt a.M.: Verlag Peter Lang.

Luhmann, Niklas, 1977: Theoretische und praktische Probleme der anwendungsbezogenen Sozialwissenschaften. Zur Einführung. In: Wissenschaftszentrum Berlin (Hrsg.), *Interaktion von Wissenschaft und Politik. Theoretische und praktische Probleme der anwendungsorientierten Sozialwissenschaften.* Frankfurt a.M.: Campus Verlag, 16–39.

Lutz, Burkart, 1975: Zur Lage der soziologischen Forschung in der Bundesrepublik. Ergebnisse einer Enquete der Deutschen Gesellschaft für Soziologie. In: *Soziologie* 1, 4–102.

Lutz, Burkart, 1976: Zur Lage der soziologischen Forschung. In: M. Rainer Lepsius (Hrsg.), *Zwischenbilanz der Soziologie. Verhandlungen des 17. Deutschen Soziologentages.* Stuttgart: Ferdinand Enke Verlag, 418–425.

Lutz, Burkart, 1983: Strukturkrise als Herausforderung an die Soziologie. In:

Joachim Matthes (Hrsg.), *Krise der Arbeitsgesellschaft? Verhandlungen des 21. Deutschen Soziologentages 1982 in Bamberg*. Frankfurt a.M.: Campus Verlag, 321–335.

Lutz, Burkart, 1985a: Zur gesellschaftlichen Entwicklung der Soziologie: Überlegungen zu künftigen Chancen und Problemlagen. In: Burkhart Lutz (Hrsg.), *Soziologie und gesellschaftliche Entwicklung. Verhandlungen des 22. Deutschen Soziologentages in Dortmund 1984*. Frankfurt a.M.: Campus Verlag, 17–26.

Lutz, Burkart, 1985b: Vorwort. In: Burkhart Lutz (Hrsg.), *Soziologie und gesellschaftliche Entwicklung. Verhandlungen des 22. Deutschen Soziologentages in Dortmund 1984*. Frankfurt a.M.: Campus Verlag, 11–13.

Maier, Charles S., 1999: I paradossi del „prima" e del „poi". Periodizzazioni e rotture nella storia. In: *Contemporanea* 2, 715–722.

Maier, Charles S., 2000: Consigning the Twentieth Century to History: Alternative Narratives for the Modern Era. In: *American Historical Review* 105, 807–831.

Maier, Charles S., 2004: Two Sorts of Crisis? The „Long" 1970s in the West and the East. In: Hans Günter Hockerts (Hrsg.), *Koordinaten deutscher Geschichte in der Epoche des Ost-West-Konflikts*. München: R. Oldenbourg Verlag, 49–62.

Maier, Matthias, 1997: *Institutionen der außeruniversitären Grundlagenforschung. Eine Analyse der Kaiser-Wilhelm-Gesellschaft und der Max-Planck-Gesellschaft*. Wiesbaden: Deutscher Universitäts-Verlag.

Matthes, Joachim, 1981: Soziologie: Schlüsselwissenschaft des 20. Jahrhunderts? In: Joachim Matthes (Hrsg.), *Lebenswelt und soziale Probleme. Verhandlungen des 20. Deutschen Soziologentages 1980 in Bremen*. Frankfurt a.M.: Campus Verlag, 15–27.

Matthes, Joachim, 1983: Die Soziologen und ihre Zukunft. In: Joachim Matthes (Hrsg.), *Krise der Arbeitsgesellschaft? Verhandlungen des 21. Deutschen Soziologentages 1982 in Bamberg*. Frankfurt a.M.: Campus Verlag, 19–24.

Matthes, Joachim, 1985: Zur Einleitung: Die Soziologie und ihre Kritiker. In: Hans-Werner Franz (Hrsg.), *22. Deutscher Soziologentag 1984. Sektions- und Ad-hoc-Gruppen*. Opladen: Westdeutscher Verlag, 409–410.

Max-Planck-Gesellschaft (Hrsg.), 1989: *Max-Planck-Institut für Bildungsforschung*. Berichte und Mitteilungen, Heft 2. München: Max-Planck-Gesellschaft.

Max-Planck-Gesellschaft (Hrsg.), 1993: *Max-Planck-Institut für Physik*. Berichte und Mitteilungen, Heft 1. München: Max-Planck-Gesellschaft.

Max-Planck-Gesellschaft (Hrsg.), 1998a: *Forschung an den Grenzen des Wissens. 50 Jahre Max-Planck-Gesellschaft 1948–1998*. Göttingen: Vandenhoeck & Ruprecht.

Max-Planck-Gesellschaft (Hrsg.), 1998b: *Wissenschaftliche Mitglieder der Max-Planck-Gesellschaft zur Förderung der Wissenschaften im Bild*. Zusammengestellt von Eckart Henning und Dirk Ullmann. 50 Jahre Max-Planck-Gesellschaft zur Förderung der Wissenschaften, Teil 2. Berlin: Duncker & Humblot.

Mayntz, Renate, 1958: *Soziale Schichtung und sozialer Wandel in einer Industriegemeinde. Eine soziologische Untersuchung der Stadt Euskirchen.* Stuttgart: Ferdinand Enke Verlag.

Mayntz, Renate, 1972: Bürokratische Organisation und Verwaltung. Organisationsgesellschaft und verwaltete Welt. In: *Die moderne Gesellschaft. Formen des menschlichen Zusammenlebens: Familie, Beruf und Freizeit, Verkehr, Wirtschaft und Politik, Umwelt und Planung.* Freiburg: Herder, 477–498.

Mayntz, Renate, 1973a: Soziale Planung als Aufgabe und Herausforderung an die öffentliche Verwaltung. In: *Der Architekt* 22, 17–19.

Mayntz, Renate, 1973b: Thesen zur Steuerungsfunktion von Zielstrukturen. In: Renate Mayntz/Fritz Scharpf, *Planungsorganisation. Die Diskussion um die Reform von Regierung und Verwaltung des Bundes.* München: R. Piper & Co. Verlag, 91–97.

Mayntz, Renate, 1974: Das Demokratisierungspotential der Beteiligung Betroffener an öffentlicher Planung. In: Hans Joachim v. Oertzen (Hrsg.), *„Demokratisierung" und Funktionsfähigkeit der Verwaltung.* Stuttgart: W. Kohlhammer, 50–61.

Mayntz, Renate, 1975: Legitimacy and the Directive Capacity of the Political System. In: Leon N. Lindberg et al. (Hrsg.), *Stress and Contradiction in Modern Capitalism. Public Policy and the Theory of the State.* Lexington, Mass.: D.C. Heath & Co., 261–274

Mayntz, Renate, 1976: Staat und politische Organisation: Entwicklungslinien. In: Lepsius 1976c, 327–346.

Mayntz, Renate, 1977a: Die Implementation politischer Programme. Theoretische Überlegungen zu einem neuen Forschungsgebiet. In: *Die Verwaltung* 10, 51–66.

Mayntz, Renate, 1977b: Struktur und Leistung von Beratungsgremien. Ein Beitrag zur Kontingenztheorie der Organisation. In: *Soziale Welt* 28, 1–15.

Mayntz, Renate, 1977c: Sociology, Value Freedom, and the Problem of Political Counceling. In: Carol H. Weiss (Hrsg.), *Using Social Research in Public Policy Making.* Lexington: Lexington Books, 55–65.

Mayntz, Renate, 1978a: Zur Nichtbeteiligung der Wissenschaft bei der Implementierung von Reformen. In: Carl Böhret (Hrsg.), *Verwaltungsreformen und Politische Wissenschaft. Zur Zusammenarbeit von Praxis und Wissenschaft bei der Durchsetzung und Evaluierung von Neuerungen.* Baden-Baden: Nomos Verlagsgesellschaft, 45–51.

Mayntz, Renate, 1978b: Folgerungen für die Forschung auf dem Gebiet der Gesellschaftspolitik. In: Stephen J. Fitzsimmons/Rudolf Wildenmann/Kenneth J. Arrow (Hrsg.), *Zukunftsorientierte Planung und Forschung für die 80er Jahre. Deutsche und amerikanische Erfahrungen im Bereich der Erziehungs-, Woh-*

nungs-, Beschäftigungs-, Gesundheits-, Energie- und Umweltpolitik. Königstein/Ts.: Athenäum, 258 – 263.

Mayntz, Renate, 1979: Regulative Politik in der Krise? In: Joachim Matthes (Hrsg.), *Sozialer Wandel in Westeuropa. Verhandlungen des 19. Deutschen Soziologentages 1979 in Berlin.* Frankfurt a.M.: Campus Verlag, 55 – 81.

Mayntz, Renate, 1980a: Die Entwicklung des analytischen Paradigmas der Implementationsforschung. In: Renate Mayntz (Hrsg.), *Implementation politischer Programme. Empirische Forschungsberichte.* Königstein/Ts.: Verlagsgruppe Athenäum et al.

Mayntz, Renate, 1980b: Soziologisches Wissen und politisches Handeln. In: *Schweizerische Zeitschrift für Soziologie* 6, 309 – 320.

Mayntz, Renate, 1982a: Problemverarbeitung durch das politisch-administrative System. Zum Stand der Forschung. In: *Politische Vierteljahresschrift*, Sonderheft 13, 74 – 89.

Mayntz, Renate, 1982b: *Voraussetzungen und Aspekte administrativer Praktikabilität staatlicher Handlungsprogramme.* Wissenschaftliche Ausarbeitung im Auftrag des Bundesministerium des Innern unter Mitarbeit von Christa Lex. Bonn: Bundesministerium des Innern.

Mayntz, Renate, 1983a: Zur Einleitung: Probleme der Theoriebildung in der Implementationsforschung. In: Renate Mayntz (Hrsg.), *Implementation politischer Programme II. Ansätze zur Theoriebildung.* Opladen: Westdeutscher Verlag, 7 – 24.

Mayntz, Renate, 1983b: The Conditions of Effective Public Policy. A New Challenge for Policy Analysis. In: *Policy and Politics* 11, No. 2, 123 – 143.

Mayntz, Renate, 1983c: Implementation von regulativer Politik. In: Renate Mayntz (Hrsg.), *Implementation politischer Programme II. Ansätze zur Theoriebildung.* Opladen: Westdeutscher Verlag, 50 – 74.

Mayntz, Renate, 1985a: Über den begrenzten Nutzen methodologischer Regeln in der Sozialforschung. In: Wolfgang Bonß/Heinz Hartmann (Hrsg.), *Entzauberte Wissenschaft. Zur Relativität und Geltung soziologischer Forschung.* Soziale Welt, Sonderband 3, Göttingen: Verlag Otto Schwarz & Co., 65 – 76.

Mayntz, Renate, 1985b: Die gesellschaftliche Dynamik als theoretische Herausforderung. In: Burkhart Lutz (Hrsg.), *Soziologie und gesellschaftliche Entwicklung. Verhandlungen des 22. Deutschen Soziologentages in Dortmund 1984.* Frankfurt a.M.: Campus Verlag, 27 – 44.

Mayntz, Renate, 1985c: *Forschungsmanagement. Steuerungsversuche zwischen Skylla und Charybdis. Probleme der Organisation und Leitung von hochschulfreien, öffentlich finanzierten Forschungsinstituten.* Opladen: Westdeutscher Verlag.

Mayntz, Renate, 1987: Politische Steuerung und gesellschaftliche Steuerungsprobleme. Anmerkungen zu einem theoretischen Paradigma. In: Thomas Ellwein/Joachim Jens Hesse/Renate Mayntz/Fritz W. Scharpf (Hrsg.), *Jahr-*

buch zur Staats- und Verwaltungswissenschaft, Bd. 1. Baden-Baden: Nomos Verlagsgesellschaft, 89 – 110.

Mayntz, Renate, 1991: Naturwissenschaftliche Modelle, soziologische Theorie und das Mikro-Makro-Problem. In: Wolfgang Zapf (Hrsg.), *Die Modernisierung moderner Gesellschaften. Verhandlungen des 25. Deutschen Soziologentages 1990 in Frankfurt am Main.* Frankfurt a.M.: Campus Verlag, 55 – 68.

Maytz, Renate, 1992a: Moderne Naturwissenschaft und Gesellschaftsverständnis: Was können die Sozialwissenschaften von den Naturwissenschaften lernen? In: *Max-Planck-Gesellschaft Jahrbuch* 1992, 52 – 58.

Mayntz, Renate, 1992b: The Influence of Natural Science Theories on Contemporary Social Science. In: Meinolf Dierkes/Bernd Biervert (Hrsg.), *European Social Science in Transition. Assessment and Outlook.* Frankfurt a.M.: Campus Verlag, Boulder (Colorado): Westview Press, 28 – 79.

Mayntz, Renate, 1995a: Gesellschaftliche Modernisierung und die veränderte Rolle des Staates. In: *Max-Planck-Gesellschaft Jahrbuch* 1995, 57 – 70.

Mayntz, Renate, 1995b: *Historische Überraschungen und das Erklärungspotential der Sozialwissenschaft.* Ruprecht-Karls-Universität Heidelberg (Hrsg.), Heidelberger Universitätsreden, Bd. 9. Heidelberg: C.F. Müller Verlag.

Mayntz, Renate, 1996a: Mein Weg zur Soziologie: Rekonstruktion eines kontingenten Karrierepfades. In: Fleck, 225 – 235.

Mayntz, Renate, 1996b: Politische Steuerung: Aufstieg, Niedergang und Transformation einer Theorie. In: Klaus von Beyme/Claus Offe (Hrsg.), *Politische Theorien in der Ära der Transformation.* Opladen: Westdeutscher Verlag, 148 – 168.

Mayntz, Renate, 1996c: Gesellschaftliche Umbrüche als Testfall soziologischer Theorie. In: Lars Clausen (Hrsg.), *Gesellschaften im Umbruch. Verhandlungen des 27. Kongresses der Deutschen Gesellschaft für Soziologie in Halle an der Saale 1995.* Frankfurt a.M.: Campus Verlag, 141 – 153.

Mayntz, Renate, 1998: Eine sozialwissenschaftliche Karriere im Fächerspagat. In: Bolte/Neidhardt, 285 – 293.

Mayntz, Renate, 1999: Wissenschaft, Politik und die politischen Folgen kognitiver Ungewißheit. In: Jürgen Gerhards/Ronald Hitzler (Hrsg.), *Eigenwilligkeit und Rationalität sozialer Prozesse.* Festschrift zum 65. Geburtstag von Friedhelm Neidhardt. Opladen: Westdeutscher Verlag: Opladen, 30 – 45.

Mayntz, Renate, 2000: Die dynamische Gesellschaft. In: Armin Pongs (Hrsg.), *In welcher Gesellschaft leben wir eigentlich? Gesellschaftskonzepte im Vergleich*, Bd. 2. München: Dilemma Verlag, 219 – 239.

Mayntz, Renate, 2001: Zur Selektivität der steuerungstheoretischen Perspektive. In: Hans-Peter Burth/Axel Görlitz (Hrsg.), *Politische Steuerung in Theorie und Praxis.* Baden-Baden: Nomos Verlagsgesellschaft, 17 – 27.

Mayntz, Renate, Fritz Scharpf, 1973: Kriterien, Voraussetzungen und Einschränkungen aktiver Politik. In: Renate Mayntz/Fritz Scharpf, *Planungs-*

organisation. Die Diskussion um die Reform von Regierung und Verwaltung des Bundes. München: R. Piper & Co. Verlag, 115–145.

Mayntz, Renate, Fritz Scharpf, 1975: *Policy-Making in the German Federal Bureaucracy.* Amsterdam: Elsevier.

Mayntz, Renate, Fritz W. Scharpf, 2005: Politische Steuerung – Heute? (Vortrag, gehalten am 4. Dezember 2004 anläßlich der Verleihung des „Bielefelder Wissenschaftspreises im Gedenken an Niklas Luhmann" an Renate Mayntz und Fritz Scharpf). In: *Zeitschrift für Soziologie* 34, Heft 3, 236–243.

Meadows, Donella H., et al., 1972: *The Limits to Growth: A Report for the Club of Rome's Project on the Predicament of Mankind.* New York: Signet Book. (Dt. *Die Grenzen des Wachstums.* Stuttgart: Deutsche Verlags-Anstalt, 1972).

Mende, Silke, 2009: „Die Alternative zu den herkömmlichen Parteien". Parlamentarismuskritik und Demokratiekonzepte der ‚Gründungsgrünen' in den siebziger und frühen achtziger Jahren. In: Thomas Bedorf/Felix Heidenreich/Marcus Obrecht (Hrsg.), *Die Zukunft der Demokratie. L'avenir de la démocratie.* Berlin: LIT Verlag, 28–50.

Metzler, Gabriele, 2002: „Am Ende aller Krisen?" Politisches Denken und Handeln in der Bundesrepublik der sechziger Jahre. In: *Historische Zeitschrift* 275, 57–103.

Metzler, Gabriele, 2003: „Geborgenheit im gesicherten Fortschritt". Das Jahrzehnt von Planbarkeit und Machbarkeit. In: Frese/Paulus/Teppe, 777–797.

Metzler, Gabriele, 2004: Versachlichung statt Interessenpolitik. Der Sachverständigenrat zur Begutachtung der gesamtwirtschaftlichen Entwicklung. In: Fisch/Rudloff, 127–152.

Metzler, Gabriele, 2005: *Konzeptionen politischen Handelns von Adenauer bis Brandt. Politische Planung in der pluralistischen Gesellschaft.* Paderborn: Ferdinand Schöningh.

Metzler, Gabriele, 2008: Staatsversagen oder Unregierbarkeit in den siebziger Jahren? In: Jarausch 2008a, 243–260.

Metzler, Gabriele (Hrsg.), 2009: *Krise des Regierens in den 1970er Jahren? Deutsche und westeuropäische Perspektiven.* Paderborn: Ferdinand Schöningh [im Erscheinen].

Meulemann, Heiner, 1996: *Werte und Wertewandel. Zur Identität einer geteilten und wieder vereinten Nation.* Weinheim: Juventa Verlag.

Meulemann, Heiner, 1998: Wertwandel als Diagnose sozialer Integration: Unscharfe Thematik, unbestimmte Methodik, problematische Folgerungen. In: Jürgen Friedrichs/M. Rainer Lepsius/Karl Ulrich Mayer (Hrsg.), *Die Diagnosefähigkeit der Soziologie.* KZSS Sonderheft 38. Opladen: Westdeutscher Verlag, 256–285.

Mongardini, Carlo, 1976: Die gegenwärtige Krise der Soziologie als Folge ihrer ideologischen Durchdringung. In: Gottfried Eisermann (Hrsg.), *Die Krise der Soziologie.* Stuttgart: Ferdinand Enke Verlag, 59–71.

Moses, Dirk, 2007: *German Intellectuals and the Nazi Past.* Cambridge: Cambridge University Press.

Müller, Hans-Peter, Michael Schmid, 1995: Paradigm Lost? Von der Theorie sozialen Wandels zur Theorie dynamischer Systeme. In: Hans-Peter Müller/Michael Schmid (Hrsg.), *Sozialer Wandel. Modellbildung und theoretische Ansätze.* Frankfurt a.M.: Suhrkamp Verlag, 9–55.

Münkel, Daniela, 2008: Der „Bund Freiheit der Wissenschaft". Die Auseinandersetzungen um die Demokratisierung der Hochschulen. In: Dominik Geppert/Jens Hacke (Hrsg.), *Streit um den Staat. Intellektuelle Debatten in der Bundesrepublik 1960–1980.* Göttingen: Vandehoeck & Ruprecht, 169–187.

Neidhardt, Friedhelm, 1976: Identitäts- und Vermittlungsprobleme der Soziologie. Über den Zustand der Soziologielehre an den Universitäten. In: Lepsius 1976c, 426–452.

Neidhardt, Friedhelm, 1998: „Tätige Skepsis" – Die Nachkriegsgeneration deutscher Soziologen. In: *Von der Organisationssoziologie zur Gesellschaftsforschung. Reden zur Emeritierung von Renate Mayntz.* Köln: Max-Planck-Institut für Gesellschaftsforschung, 45–63.

Nolte, Paul, 2000: *Die Ordnung der deutschen Gesellschaft. Selbstentwurf und Selbstbeschreibung im 20. Jahrhundert.* München: Verlag C.H. Beck.

Nützenadel, Alexander, 2005: *Stunde der Ökonomen. Wissenschaft, Politik und Expertenkultur in der Bundesrepublik 1949–1974.* Göttingen: Vandenhoeck & Ruprecht.

Offe, Claus, 1972: *Strukturprobleme des kapitalistischen Staates. Aufsätze zur Politischen Soziologie.* Frankfurt a.M.: Suhrkamp Verlag.

Offe, Claus, 1977: Die kritische Funktion der Sozialwissenschaften. In: Wissenschaftszentrum Berlin (Hrsg.), *Interaktion von Wissenschaft und Politik. Theoretische und praktische Probleme der anwendungsorientierten Sozialwissenschaften.* Frankfurt a.M.: Campus Verlag, 321–329.

Offe, Claus, 1979: „Unregierbarkeit". Zur Renaissance konservativer Krisentheorien. In: Jürgen Habermas (Hrsg.), *Stichworte zur „Geistigen Situation der Zeit".* Bd. 1: Nation und Republik. Frankfurt a.M.: Suhrkamp Verlag, 294–318.

Peukert, Detlev J.K., 1987: *Die Weimarer Republik. Krisenjahre der Klassischen Moderne.* Frankfurt a.M.: Suhrkamp Verlag.

Plé, Bernhard, 1990: *Wissenschaft und säkulare Mission. „Amerikanische Sozialwissenschaft" im politischen Sendungsbewußtsein der USA und im geistigen Aufbau der Bundesrepublik Deutschland.* Stuttgart: Klett-Cotta.

Rammstedt, Otthein, 1986: *Deutsche Soziologie 1933–1945. Die Normalität einer Anpassung.* Frankfurt a.M.: Suhrkamp Verlag.

Raphael, Lutz, 1996: Die Verwissenschaftlichung des Sozialen als methodische und konzeptionelle Herausforderung für eine Sozialgeschichte des 20. Jahrhunderts. In: *Geschichte und Gesellschaft* 22, 165–193.

Raphael, Lutz, 1998: Experten im Sozialstaat. In: Hans Günter Hockerts (Hrsg.), *Drei Wege deutscher Sozialstaatlichkeit. NS-Diktatur, Bundesrepublik und DDR im Vergleich.* München: R. Oldenbourg Verlag, 231 – 258.

Raschke, Joachim, 1993: *Die Grünen. Wie sie wurden, was sie sind.* Köln: Bund-Verlag.

Reulecke, Jürgen (Hrsg.), 2003: *Generationalität und Lebensgeschichte im 20. Jahrhundert.* München: R. Oldenbourg Verlag.

Ruck, Michael, 2000: Ein kurzer Sommer der konkreten Utopie. Zur westdeutschen Planungsgeschichte der langen 60er Jahre. In: Axel Schildt/Detlev Siegfried/Karl Christian Lammers (Hrsg.), *Dynamische Zeiten. Die 60er Jahre in den beiden deutschen Staaten.* Hamburg: Christians, 363 – 401.

Rudloff, Wilfried, 2004a: Verwissenschaftlichung der Politik? Wissenschaftliche Politikberatung in den sechziger Jahren. In: Collin/Horstmann, 216 – 257.

Rudloff, Wilfried, 2004b: Wieviel Macht den Räten? Politikberatung im bundesdeutschen Bildungswesen von den fünfziger bis zu den siebziger Jahren. In: Fisch/Rudloff, 153 – 188.

Sahner, Heinz, 1982: *Theorie und Forschung. Zur paradigmatischen Struktur der westdeutschen Soziologie und zu ihrem Einfluß auf die Forschung.* Opladen: Westdeutscher Verlag.

Schanetzky, Tim, 2007: *Die große Ernüchterung. Wirtschaftspolitik, Expertise und Gesellschaft in der Bundesrepublik 1966 bis 1982.* Berlin: Akademie Verlag.

Scharpf, Fritz W., 1973: Komplexität als Schranke der politischen Planung. In: Fritz W. Scharpf, *Planung als politischer Prozeß. Aufsätze zur Theorie der planenden Demokratie.* Frankfurt a.M.: Suhrkamp Verlag, 73 – 113.

Scharpf, Fritz W., 1998: Die Management-Maximen von Renate Mayntz. In: *Von der Organisationssoziologie zur Gesellschaftsforschung. Reden zur Emeritierung von Renate Mayntz.* Köln: Max-Planck-Institut für Gesellschaftsforschung, 35 – 44.

Schelsky, Helmut, 1981: *Rückblicke eines „Anti-Soziologen".* Opladen: Westdeutscher Verlag.

Scheuch, Erwin K. (Hrsg.), 1968: *Die Wiedertäufer der Wohlstandsgesellschaft. Eine kritische Untersuchung der „Neuen Linken" und ihrer Dogmen.* Köln: Markus Verlag.

Schildt, Axel, 2000: Materieller Wohlstand – pragmatische Politik – kulturelle Umbrüche. Die 60er Jahre in der Bundesrepublik. In: Axel Schildt/Detlev Siegfried/Karl Christian Lammers (Hrsg.), *Dynamische Zeiten. Die 60er Jahre in den beiden deutschen Staaten.* Hamburg: Christians, 21 – 53.

Schimank, Uwe, Stefan Lange, 2001: Gesellschaftsbilder als Leitideen politischer Steuerung. In: Hans-Peter Burth/Axel Görlitz (Hrsg.), *Politische Steuerung in Theorie und Praxis.* Baden-Baden: Nomos Verlagsgesellschaft, 221 – 245.

Scott, James C., 1998: *Seeing Like a State. How Certain Schemes to Improve the Human Condition Have Failed.* New Haven: Yale University Press.

Sontheimer, Kurt, 1983: *Zeitenwende? Die Bundesrepublik zwischen alter und alternativer Politik.* Hamburg: Hoffmann und Campe.

Süß, Winfried, 2003: „Wer aber denkt für das Ganze?" Aufstieg und Fall der ressortübergreifenden Planung im Bundeskanzleramt. In: Frese/Paulus/Teppe, 349–377.

Süß, Winfried, 2004: „Rationale Politik" durch sozialwissenschaftliche Beratung? Die Projektgruppe Regierungs- und Verwaltungsreform 1966–1975. In: Fisch/Rudloff 329–348.

Süß, Winfried, 2008: Der keynesianische Traum und sein langes Ende. Sozioökonomischer Wandel und Sozialpolitik in den siebziger Jahren. In: Jarausch 2008a, 120–137.

Tenbruck, Friedrich H., 1981: Die unbewältigten Sozialwissenschaften. In: Heine von Alemann/Hans Peter Thurn (Hrsg.), *Soziologie in weltbürgerlicher Absicht.* Festschrift für René König zum 75. Geburtstag. Opladen: Westdeutscher Verlag, 359–374.

Uekötter, Frank, Jens Hohensee (Hrsg.), 2004: *Wird Kassandra heiser? Die Geschichte falscher Ökoalarme.* Stuttgart: Franz Steiner Verlag.

Vierhaus, Rudolf, 1996: Bemerkungen zum sogenannten Harnack-Prinzip. Mythos und Realität. In: Vom Brocke/Laitko, 129–138.

Vom Brocke, Bernhard, 1996: Die Kaiser-Wilhelm-/Max-Planck-Gesellschaft und ihre Institute zwischen Universität und Akademie. Strukturprobleme und Historiographie. In: Vom Brocke/Laitko, 1–32.

Vom Brocke, Bernhard, Hubert Laitko (Hrsg.), 1996: *Die Kaiser-Wilhelm-/Max-Planck-Gesellschaft und ihre Institute. Studien zu ihrer Geschichte: Das Harnack-Prinzip.* Berlin: Walter de Gruyter.

Von Weizsäcker, Carl Friedrich, 1979: *Diagnosen zur Aktualität. Beiträge.* München: Carl Hanser Verlag.

Von Weizsäcker, Carl Friedrich, 1981: *Der bedrohte Friede. Politische Aufsätze 1945–1981.* München: Carl Hanser Verlag.

Wagner, Peter, 1990: *Sozialwissenschaften und Staat. Frankreich, Italien, Deutschland 1870–1980.* Frankfurt a.M.: Campus Verlag.

Wagner, Peter, 1995: *Soziologie der Moderne. Freiheit und Disziplin.* Frankfurt a.M.: Campus Verlag.

Weingart, Peter, 1983: Verwissenschaftlichung der Gesellschaft – Politisierung der Wissenschaft. In: *Zeitschrift für Soziologie* 12, H. 3, 225–241.

Weingart, Peter, 2001: *Die Stunde der Wahrheit? Zum Verhältnis der Wissenschaft zu Politik, Medien und Wirtschaft in der Wissensgesellschaft.* Weilerswist: Velbrück Wissenschaft.

Weinhauer, Klaus, Jörg Requate, Heinz-Gerhart Haupt (Hrsg.), 2006: *Terrorismus in der Bundesrepublik. Medien, Staat und Subkulturen in den 1970er Jahren.* Frankfurt a.M.: Campus Verlag.

Weischer, Christopher, 2004: *Das Unternehmen ‚Empirische Sozialforschung'.*

Strukturen, Praktiken und Leitbilder der Sozialforschung in der Bundesrepublik Deutschland. München: R. Oldenbourg Verlag.

Weyer, Johannes, 1984: *Westdeutsche Soziologie 1945–1960. Deutsche Kontinuitäten und nordamerikanischer Einfluß.* Berlin: Duncker & Humblot.

Wildt, Michael, 2002: *Generation des Unbedingten. Das Führungskorps des Reichssicherheitshauptamtes.* Hamburg: Hamburger Edition.

Wirsching, Andreas, 2006: *Abschied vom Provisorium. Geschichte der Bundesrepublik Deutschland 1982–1990.* München: Deutsche Verlags-Anstalt.

Wurzbacher, Gerhard, 1954: *Das Dorf im Spannungsfeld industrieller Entwicklung. Untersuchung an den 45 Dörfern und Weilern einer westdeutschen ländlichen Gemeinde.* Unter Mitarb. von Renate Pflaum u. a. Stuttgart: Ferdinand Enke Verlag.

Weisker, Albrecht, 2003: Expertenvertrauen gegen Zukunftsangst. Zur Risikowahrnehmung der Kernenergie. In: Ute Frevert (Hrsg.), *Vertrauen. Historische Annäherungen.* Göttingen: Vandenhoeck & Ruprecht, 394–421.

Wissenschaftsrat (Hrsg.), 1981: Empfehlungen zur Förderung empirischer Sozialforschung, Januar 1981. In: *Empfehlungen und Stellungnahmen des Wissenschaftsrates 1981.* Köln: Wissenschaftsrat, 80–106.

Wolfrum, Edgar, 2006: *Die geglückte Demokratie. Geschichte der Bundesrepublik Deutschland von ihren Anfängen bis zur Gegenwart.* Stuttgart: Klett-Cotta.

Personenregister